人类文明的足迹

图文并茂，具有趣味性

地球创造的奇异自然风光

领略大自然的鬼斧神工••••••

编著◎吴波

Geography

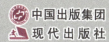

中国出版集团

现代出版社

图书在版编目（CIP）数据

地球创造的奇异自然风光／吴波编著. —北京：
现代出版社，2012. 12（2024.12重印）
（人类文明的足迹·地理百科）
ISBN 978 - 7 - 5143 - 0943 - 0

Ⅰ.①地… Ⅱ.①吴… Ⅲ.①自然地理 - 世界 - 普及
读物 Ⅳ.①P941 - 49

中国版本图书馆 CIP 数据核字（2012）第 275172 号

地球创造的奇异自然风光

编　　著	吴　波	
责任编辑	张　晶	
出版发行	现代出版社	
地　　址	北京市朝阳区安外安华里 504 号	
邮政编码	100011	
电　　话	010 - 64267325　010 - 64245264（兼传真）	
网　　址	www. xdcbs. com	
电子信箱	xiandai@ cnpitc. com. cn	
印　　刷	唐山富达印务有限公司	
开　　本	710mm × 1000mm　1/16	
印　　张	12	
版　　次	2013 年 1 月第 1 版　2024 年 12 月第 4 次印刷	
书　　号	ISBN 978 - 7 - 5143 - 0943 - 0	
定　　价	57. 00 元	

前　言

　　地球是个美丽的星球，她拥有美丽的外表，她的美丽是多种多样、千姿百态的，也是别有风情的，巍峨雄伟的高山，辽阔蜿蜒的江河，星罗棋布的湖泊，深邃壮丽的峡谷，漫无边际的沙漠，它们的美丽莫不给人以视觉上的冲击和心灵上的震撼。

　　"无限风光在险峰"，地球有许多美景、奇景都展现在那些高耸入云的山峰上，这些高耸入云的山峰本身就是一个天地造化的奇迹，是伟大的自然奇观。山峰之上的这些美景或景色绮丽，或风光险峻，或曲径幽深，或独具风采，总之，这些大自然鬼斧神工之作所展现给世人的美是不胜枚举的，也是各具风采的。

　　水是我们这个星球的主体，覆盖了将近地球表面积的 2/3，它以多种多样的方式展现由它造就的自然奇观，飞流直下的瀑布，明亮如镜的天池，奔腾不息的江河……

　　峡谷和沙漠也是构成地球壮观地貌的重要组成部分，它们带给人类的也绝不仅仅是荒凉、干燥、了无生机，它们也同样创造出震人心魄的美丽，而且还别具风情。雅鲁藏布江大峡谷高、壮、深、润、幽、长、险、低、奇、秀，从这简简单单的十个字，我们完全可以想象出它拥有的美丽；科罗拉多大峡谷位列世界七大自然奇观，它有保存完好并充分暴露的岩层，从谷底向上整齐地排列着北美大陆从元古代到新生代不同地质时期的岩石，并含有丰富的具有代表性的生物化石，俨然是一部"地质史教科书"。岩塔沙漠中林立着无数塔状孤立的岩石，这些岩塔遍布于茫茫的黄沙之中，景色壮观，使人感觉神秘而怪异，有人形象地称这种景象为"荒野的墓标"。

地球上的自然奇观不胜枚举，本文所列的自然景观只不过是其中有代表性的一些，希望读者朋友能从这些自然奇观中领略到大自然鬼斧神工的神奇，进而更加热爱我们这个美丽的星球。

目 录

水域篇

海岛篇

峡谷沙漠篇

DIQIU CHUANGZAO DE QIYI ZIRAN FENGGUANG

山 川 篇

山川是地质作用的产物之一，是地球上最为常见、分布最为广泛的地貌，地球上有很多壮美瑰丽的景观都在这些或巍峨或奇峻的山川上。这些山川奇景以多种形态和特色展现在世人面前，它们或以柔美，或以奇险，或以幽深，或以高崇取胜。

中外拥有这样奇景的山川不在少数，中国有黄山、庐山、丹霞山、长白山、玉龙雪山等，国外的有阿尔卑斯山、澳洲蓝山等。

珠穆朗玛峰

珠穆朗玛峰位于中国与尼泊尔的交界处的喜马拉雅山脉中段，海拔8844.43米，有地球"第三极"之誉。"珠穆朗玛"是佛经中女神名字的藏语音译。山体呈金字塔状，山上有冰川，最长的冰川达26千米。山峰上部终年为冰雪覆盖，地形陡峭高峻，是世界登山运动员所瞩目和向往的地方。

珠穆朗玛峰是典型的断块上升山峰。在其前寒武纪变质岩系基底和上覆沉积岩系间为冲掩断层带，早古生代地层即顺此带自北往南推覆于元古代地

DIQIU GHUANGZAO DE QIYI ZIRAN FENGGUANG

珠穆朗玛峰

层上。峰体上部为奥陶纪早期或寒武—奥陶纪的钙质岩系（峰顶为灰色结晶石灰岩），下部为寒武纪的泥质岩系（如千枚岩、夹片岩等），并有花岗岩体、混合岩脉的侵入。始新世中期结束至海侵以来，珠穆朗玛峰不断上升，在渐新世晚期至今约上升了3000米。由于印度板块和亚洲板块以每年5.08厘米的速度互相挤压，致使整个喜马拉雅山脉仍在不断上升中。

珠穆朗玛峰周围辐射状展布有许多条规模巨大的山谷冰川，长度在10千米以上的有18条。其中以北坡的中绒布、西绒布和东绒布三大冰川与它们的30多条中小型支冰川组成的冰川群为主。珠穆朗玛峰周围5000平方千米范围内的冰川覆盖面积约1600平方千米。在许多大冰川的冰舌区还普遍出现冰塔林、古冰斗、冰川槽形谷地、冰川或冰水侵蚀堆积平台，渐渐世侧碛和终碛垄等古冰川活动遗迹也屡见不鲜。因寒冻风化强烈，峰顶岩石嶙峋，角峰与刃脊高耸危立，遍布着岩屑坡或石海。土壤表层反复融冻形成石环、石栏等特殊的冰缘地貌现象。

珠穆朗玛峰山体呈巨型金字塔状，威武雄壮昂首天外。珠峰地形极端险峻，环境异常复杂。雪线高度：北坡为5800～6200米，南坡为5500～6100米。东北山脊、东南山脊和西山山脊中间夹着三大陡壁（北壁、东壁和西南壁），在这些山脊和峭壁之间又分布着548条大陆型冰川，总面积达1457.07平方千米，平均厚度达7260米。

冰川的补给主要靠印度洋季风带两大降水带积雪变质形成。冰川上有千姿百态、瑰丽罕见的冰塔林，又有高达数十米的冰陡崖和步步陷阱的明暗冰裂隙，还有险象环生的冰崩雪崩区。

珠穆朗玛峰不仅巍峨宏大，而且气势磅礴。在它周围20千米的范围内，

珠穆朗玛峰冰川地貌

群峰林立，山峦叠嶂。仅海拔 7000 米以上的高峰就有 40 多座，较著名的有南面 3000 米处的"洛子峰"（海拔 8516 米，世界第四高峰）和海拔 7589 米的卓穷峰，东南面是马卡鲁峰（海拔 8463 米，世界第五高峰），北面 3000 米处是海拔 7543 米的章子峰，西面是努子峰（海拔 7879 米）和普莫里峰（海拔 7161 米）。在这些巨峰的外围，还有一些世界一流的高峰遥遥相望：东南方向有世界第三高峰干城章嘉峰（海拔 8585 米，是尼泊尔和印度的界峰）；西面有海拔 7952 米的格重康峰、8201 米的卓奥友峰和 8012 米的希夏邦马峰。所有这些高峰形成了群峰来朝、波澜壮阔的场面。

珠穆朗玛峰保护区包含着世界最高峰——珠穆朗玛峰和其他 4 座海拔8000 米以上的山峰。整个保护区划分为核心保护区、缓冲区和试验区三个类型。保护区地势北高南低，地形地貌复杂多样。区内生态系统类型多样，生物资源丰富，基本保持原貌。珍稀濒危物种、新种及特有种较多。初步调查共有高等植物 2348 种，哺乳动物 53 种，鸟类 206 种，两栖动物 8 种，鱼类 5种。其中含有代表该地域特色的国家重点保护的珍稀濒危动植物 47 种，其中国家一级保护动植物 10 种，二级保护动植物 28 种。如雪豹、藏野驴、长尾叶猴等都是国家重点保护的动物，其中雪豹被确定为保护区的标志性动物。

风　化

　　风化即风化作用，是指地表或接近地表的坚硬岩石、矿物与大气、水及生物接触过程中产生物理、化学变化而在原地形成松散堆积物的全过程。根据风化作用的因素和性质可将其分为三种类型：物理风化作用、化学风化作用、生物风化作用。

　　岩石风化作用与水分和温度密切相关，温度越高，湿度越大，风化作用越强；但在干燥的环境中，主要以物理风化为主，且随着温度的升高物理风化作用逐渐加强；但在湿润的环境中，主要以化学风化作用为主，且随着温度的升高化学风化作用逐渐加强。物理风化主要受温度变化影响，化学风化受温度和水分变化影响都较大。从地表风化壳厚度来看，温度高、水分多的地区风化壳厚度最大。土壤是在风化壳的基础上演变而来的。

延伸阅读

攀登第一峰记录

　　1921年，第一支英国登山队开始攀登珠穆朗玛峰，到达海拔7000米处。1922年，第二支英国登山队利用供氧装置到达海拔8320米处。1953年5月，34岁来自新西兰的登山家埃德蒙·希拉里作为英国登山队队员与39岁的尼泊尔向导丹增·诺尔盖一起沿东南山脊路线登上珠穆朗玛峰，这是第一个登顶成功的登山队伍。1956年，瑞士登山队在人类历史上第二次登上珠穆朗玛峰。1960 年 5 月，我国登山队员王富洲等人首次登上珠穆朗玛峰。1963 年，以诺曼·迪伦弗斯为首的美国探险队首次从西坡登顶成功。1975 年，日本人田部井淳子成为世界上首位从南坡登上珠穆朗玛峰的女性。1976 年，中华人民共和国登山队第二次攀登珠穆朗玛峰，藏族队员潘多成为世界上第一位从北坡登顶成功的女性。1978 年，奥地利人彼得·哈贝尔和意大利人赖因霍尔德·梅斯纳首次未带氧气瓶登顶成功。1980 年，波兰登山家克日什托夫·维里克斯基第一次在冬天攀登珠穆朗玛峰成功。1988 年，中华人民共和国、日本、尼泊尔三国联合登山队首次从南北两侧双跨珠穆朗玛峰成功。1998 年，美国人汤姆·惠特克成为世界上第一个攀登珠穆朗玛峰成功登顶的残疾人。2000 年，尼泊尔著名登山家巴布·奇里耗时 16 小时 56 分从珠峰北坡登顶成功，创造了登顶的最快纪录。2005 年，中华人民共和国第四次珠峰地区综合科考高度测量登山队成功攀登珠峰并测量珠峰高度数据。

阿尔卑斯山

阿尔卑斯山是欧洲最高大、最雄伟的山脉。它西起法国东南部的尼斯，经瑞士、德国南部、意大利北部，东到维也纳盆地，呈弧形贯穿了法国、瑞士、德国、意大利、奥地利和斯洛文尼亚 6 个国家，绵延 1200 千米。阿尔卑斯山山势高峻，平均海拔约达到 3000 米，海拔 4000 米以上的山峰有 100 多座。

在阿尔卑斯山脉的无限风光中，勃朗峰以其山峰壮景最为引人注目。勃

阿尔卑斯山

朗峰位于法国东北部，接近意大利边境。勃朗峰海拔4810米，是阿尔卑斯山脉的最高峰，也是欧洲最高峰，享有"欧洲屋脊"之美称。

　　勃朗峰终年为白雪覆盖，"勃朗"在法语中即"白"的意思。皑皑的雪峰犹如教堂的圆顶，气势磅礴。勃朗峰那巨大的圆顶盖满着万年积雪，冰川向四周倾泻。勃森斯冰河犹如一条银龙，一直向下窜往沙木尼。勃朗峰四周的山峰，如剑如戟，似针似指，围着勃朗峰，竞出高寒，直插云霄。奇险之处若不是亲临，恐怕难以想象。雪峰、冰川、冰谷、云海，组成世间难得一见的宏伟山景。

勃　朗　峰

　　阿尔卑斯山另外一个著名的山峰是少女峰。少女峰位于瑞士因特拉肯市正南二三十千米处，海拔4158米，差不多是珠穆朗玛峰的一半，是伯尔尼高地最迷人的地方。这里终年积雪，如果天气晴朗，极目四望，景象壮丽。山间景色随着季节变化而变化：夏日融雪，便露出覆盖坚冰的石砾；早冬降雪，又把山坡变成白玉，愈发娇艳。

　　少女峰附近的主要山峰有三座，呈东西向排列。由东而西分别为埃格尔峰、教士峰和少女峰，三峰的高度分别为3970米、4099米、4158米。关于这三座山峰的名字有许多美丽的传说，少女峰也因此成为许多艺术家创作的

少 女 峰

素材。在海拔约 4000 米、总面积约 470 平方千米的广阔地域内，环绕着埃格尔峰、教士峰、少女峰三座名峰的是一条瑞士最长的冰河——阿莱奇冰河。壮丽宏伟的山河可谓是阿尔卑斯山创造的自然艺术。

从自然保护的角度出发，1930 年在阿莱奇地区设立了森林保护区，这在瑞士保护生态平衡运动中起了先驱的作用。当然，保存完好的阿尔卑斯山特有的高山植物或动物的生态系统也值得一提。这里是瑞士的第一个世界自然遗产。

在奥地利境内的阿尔卑斯山深处有一处冰洞奇观——冰像洞穴，它被人称为"冰雪巨人的世界"，它是欧洲最大的冰穴网。冰穴内的柱廊犹如迷宫，而穴室长约 40 千米，一直伸展到奥地利萨尔茨堡以南，好像教堂一般宽阔。冰穴的入口处有一堵高达 30 米的冰壁，冰壁上面是迷宫般的地下洞穴和通道。冰的造型犹如童话故事里描述的世界，因此赢得了"冰琴"、"冰之教堂"等名称。

山的深处还有冰凝的帷帘悬垂着，称为"冰门"。在山的更高处，偶尔会有冰冷的气流夹着呼啸声，沿狭窄的洞穴通道吹过。"冰雪巨人"是水渗

入到数万年前形成的石灰岩洞的结果。冰像洞穴位于海拔 1500 米以上，冬天穴内异常寒冷。春季的融水和雨水渗进洞穴里，瞬间便凝结成壮观的积冰造型。

阿尔卑斯山脉地处温带和亚热带纬度之间，成为中欧温带大陆性湿润气候和南欧亚热带夏干气候的分界线。在阿尔卑斯山区，因为四周有高山的保护，越深的山谷越干燥，越高的山峰则有较多雨量。降雪量也是各地区不同。海拔 700 米的地区，有雪的日子每年约 3 个月；1800 米地区，有雪的日子可达半年；2500 米地区，有雪的日子可达 10 个月；2800 米以上地区，则终年积雪。在冬天，阿尔卑斯山区经常阳光普照，故此冬天是到阿尔卑斯山旅游的最佳季节。

 知识点

石灰岩

石灰岩简称灰岩，是以方解石为主要成分的碳酸盐岩。有时含有白云石、黏土矿物和碎屑矿物，有灰、灰白、灰黑、黄、浅红、褐红等色，硬度一般不大，与稀盐酸反应剧烈。石灰岩主要是在浅海的环境下形成的，按成因，石灰岩可划分为粒屑石灰岩、生物骨架石灰岩和化学、生物化学石灰岩。按结构构造，石灰岩可细分为竹叶状灰岩、鲕粒状灰岩、豹皮灰岩、团块状灰岩等。由于石灰岩的主要化学成分是碳酸钙，碳酸钙易溶蚀，因此在石灰岩地区常形成石林和溶洞，就是平时所称的喀斯特地形。

 延伸阅读

"运动" 的阿尔卑斯山脉

大约 1.5 亿年以前，现在的阿尔卑斯山区还是古地中海的一部分，随后

陆地逐渐隆起，形成了如今高大的阿尔卑斯山脉。近百万年以来，欧洲经历了几次大冰期，阿尔卑斯山区形成了很典型的冰川地形，许多山峰岩石嶙峋，角峰尖锐，山区还有很多深邃的冰川槽谷和冰碛湖。直到现在，阿尔卑斯山脉中还有1000多条现代冰川。阿尔卑斯山脉整个山区的地壳至今还不稳定，经常发生地震。

埃特纳火山

埃特纳火山是意大利著名的活火山，也是欧洲最大的火山，位于意大利南部的西西里岛，海拔高度约3300米。埃特纳火山下部是一个巨大的盾形火山，上部为300米高的火山渣锥，说明在其活动历史上的喷发方式发生了变化。由于埃特纳火山处在几组地层断裂的交汇部位，一直活动频繁，是有史以来喷发历史最为悠久的火山。其喷发史可以上溯到公元前475年，到目前为止已喷发过500多次。

初看起来埃特纳火山与一般的山峰没什么两样，因其海拔较高，山顶还

埃特纳火山

有不少积雪。但仔细看就会发现，地下的火山灰就像铺了一层厚厚的炉渣，凝固的熔岩随处可见。站在火山之巅，人们能感觉到脚下的火山正在微微地颤抖，好像随着脉搏一起跳动，这就是典型的火山性震颤。据当地火山监测站人员观测发现，每日午后两点左右，火山震颤达到最高峰。埃特纳山上还不时地发出沉闷的声响，那是气体喷出的声音。火山的热度会通过地表传到人的脚上，使人觉得脚底也是温热的。

在火山口的侧壁上，还可以清楚地看见一个直径约两三米的大圆洞，形状很规则，就像是人为挖的洞一样，里面还不时地逸出气体。山上遍布着各种大小的喷气孔，硫质气味很浓，喷气孔旁边常有淡黄色的硫黄沉淀下来。山顶上还分布着几条大裂缝，宽约20～50厘米，可能是地下岩浆上隆时，地表发生变形造成的。这些现象都说明埃特纳火山的活动性是很强的。一阵风吹来，火山喷出的有毒气体就迅速弥漫开来，一阵浓浓的硫黄味飘过，浓烟很快就会包裹了山上的一切，使人胸闷、窒息。

埃特纳火山被称为世界上爆发次数最多的火山。有文献可以证明的第一次爆发发生在公元前475年，距今已有2400多年的历史。它至今已爆发500多次。1699年的一次爆发，滚滚熔岩冲入卡塔尼亚市，使整个城市成为一片火海，两万多人因此丧生。

19世纪以来，埃特纳火山的爆发更为频繁。1852年8月的爆发是规模较大的一次。火山连续喷射了372天，喷出的熔岩达100万立方米，摧毁了附近几座市镇。1979年起，埃特纳火山的喷发活动持续了3年，其中1981年3月17日的喷发是近几十年来最猛烈的一次。从海拔2500米的东北部火山口喷出的熔岩夹杂着岩块、沙石、火山灰等，熔岩以每小时约1000米的速度向下倾泻，覆盖了大片的树林和广阔的葡萄园，吞没了数百间房舍。此后埃特纳火山在1987年、1989年、1990年、1991年、1992年、1998年多次爆发。

2001年，熔岩从火山的喷口中流出，流向附近地区。最近的一次爆发则是在2002年10月下旬，顶端的火山口中，喷起含有火山灰的烟柱。据统计，自埃特纳火山首次喷发以来，累计造成的死亡人数已达100万。由于它是活火山，火山口则始终冒着浓烟。入夜，火山孔道里的熊熊烈火影射在烟云上，十分壮观。在每次火山爆发时，来自欧洲各国乃至世界各地的游客，难以计数。

尽管埃特纳火山给当地居民的生命财产造成了巨大威胁，但火山喷吐出来的火山灰铺积而成的肥沃土壤，为农业生产提供了极为有利的条件，以致该地区人口稠密、经济兴旺。海拔900米以下的地区，多已被垦殖。这里广布着葡萄园、橄榄林、柑橘种植园和栽培樱桃、苹果、榛树的果园。由当地出产的葡萄酿成的葡萄酒更是远近闻名。而在埃特纳火山海拔900～1980米的地区为森林带，林木葱绿，有栗树、山毛榉、栎树、松树、桦树等，也为当地提供了大量的木材。海拔1980米以上的地区，则遍布着沙砾、石块、火山灰和火山渣等火山堆积物，只有稀疏的灌木及藻类。这里也有一些地方终年积雪。

古时候，这些中间夹有一层层冻火山灰的雪，在夏天被人收集起来，运输到那不勒斯和罗马销售，供制造雪糕之用。当地人把它视作是比葡萄酒更重要的商品。现在人们不断与火山进行斗争，通过改变岩浆的流向，将埃特纳火山对居民的破坏降低到最小。

活火山

活火山通常是指正在喷发和预期可能再次喷发的火山。那些休眠火山，即使是活的但不是马上就要喷发，而在将来可能再次喷发的火山也可称为活火山。活火山和死火山是相对的。在火山下面是否存在活动的岩浆系统成为判断一座火山是"死"是"活"的标准，但是如何才能知道火山下面是否存在活动的岩浆系统呢？一般可根据以下现象做出初步判断：（1）在活火山区存在水热活动或喷气现象；（2）以火山为中心的小范围内，微震活动明显高于其外围地区；（3）火山区出现某些可观测到的地表形变。

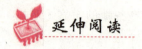

延伸阅读

埃特纳火山植被

　　埃特纳火山的山坡植被分布为三个地带。海拔 915 米以下为最低地带，土壤十分肥沃，布满葡萄园、橄榄林、柑橘种植园和栽培樱桃、苹果和榛树的果园，人烟稠密。海拔 915 ~ 1980 米为中间带，林木葱绿，生长着栗树、山毛榉、栎树、松树和桦树等。最高带海拔 1980 米以上，布满沙砾、石块、火山灰和火山渣等，但也有稀疏分散的灌木，在接近海拔 2990 米的火山口气体弥漫处生长着一些藻类。

维苏威火山

　　维苏威火山是意大利乃至全世界最著名的火山之一，位于那不勒斯市东南，海拔高度 1281 米。维苏威火山在历史上多次喷发，最为著名的一次是公元 79 年的大规模喷发。灼热的火山碎屑流毁灭了当时极为繁华的拥有两万多人口的庞贝古城。其他几个有名的海滨城市如赫库兰尼姆、斯塔比亚等也遭到严重破坏。直到 18 世纪中叶，考古学家才把庞贝古城从数米厚的火山灰中挖掘出来，那些古老的建筑和姿态各异的尸体都完好地保存着，这一史实已为世人熟知，庞贝古城至今仍是意大利著名的游览胜地。

　　今天，如果我们到维苏威山顶火山口的边沿去观察，很难想象到公元 79 年的那次巨大的灾难就是从这个火山口降临到周围地区的。从火山口里冒出来的几缕蒸汽只是极有限地向我们透露着一点火山仍然生存着的迹象。

　　目前，维苏威火山正处在爆发结束以后一个新的沉寂期。如果按照它以往的记录推算的话，维苏威火山的下一个活跃期距离我们今天还相当遥远。但是，大自然的活动有时并不严格遵循某种规则，说不定什么时候就会有一股热流从火山口冲出地面。虽然出现这种现象的可能性并不大，但也绝非不可能。

从高空俯瞰维苏威火山的全貌，那是一个漂亮的近乎圆形的火山口，正是公元79年那次大喷发形成的。维苏威火山并不太高，走在火山渣上面脚底下还发出沙沙的声音。由于维苏威火山一直很活跃，因此后期形成的新火山上一直没有长出植被，看起来有点秃。而早期喷发形成的位于新火山外围的苏玛山上已有了稀疏的树木。站在火山口边缘上可以看清整个火山口的情况。火

维苏威火山

山口深约100多米，由黄、红褐色的固结熔岩和火山渣组成。从熔岩和火山灰的堆积情况还可看出维苏威火山经历了多次喷发，熔岩和火山灰经常交替出现。尽管自1944年以来维苏威火山没再出现喷发活动，但平时维苏威火山仍不时地有喷气现象，说明火山并未"死去"，只是处于休眠状态。

维苏威火山地区最让人神往的莫过于庞贝古城了。公元前50年，著名的古希腊地理学家斯特拉博内提出假说，断定维苏威地区的岩石为火成岩，但他却没有发现火山再次进入活跃期的任

维苏威火山口

DIQIU GHUANGZAO DE QIYI ZIRAN FENGGUANG

何征兆。甚至在公元 62 年一场大地震肆虐维苏威地区之后，人们还仍然认为维苏威山是一座宁静的平顶山峰。公元 79 年 8 月初，维苏威火山周围的地区又发生了多次震颤。与此同时，数口水井干涸了，泉水停止了涌动，所有这些都在表明地球内部的压力在升高。

8 月 20 日，这一地区发生了一次震级不高的地震。马和牛群表现得兴奋异常、惊慌不安，鸟却出奇地安静。一些对公元 62 年的地震还记忆犹新、心存恐惧的人们纷纷收拾起财物，开始向安全地带撤离。他们走得再及时不过了。

8 月 23 日夜晚或 24 日清晨，火山灰开始从火山口溢出，下风处的地上铺上了薄薄一层火山灰。刚发生的一切看上去似乎仍无大碍。但是，在下午 1 点钟左右，火山这只恶魔开始显露出狰狞的面目。随着巨大的爆裂声，火山口的底部像一个封住固体岩浆的塞子，在巨大的压力下终于再也承受不住，被撕成碎块冲上天空。维苏威火山变成了一门巨大的、炮口冲天的火炮。熔岩以大约两倍声速的速度向大气层喷射。在冲上天空的过程中，它们被粉碎成小颗粒，冲势也渐渐减弱下来，扩散成一个大云团，被气流带往东南方向。火山所在地的庞贝和斯塔比亚即将遭受岩屑和碎石的暴雨般的袭击。

庞贝古城景点

30多千米之外，在海湾另一端的米塞纳海港，一位受惊的年轻人目睹了这次火山爆发。这位少年历史上称为小普林尼，当时他正和母亲一道来到米塞纳拜访他的叔父老普林尼。按照他的记述，云团在火山爆发的第一阶段酷似一棵松树。先是升腾到天空，像树干一样，然后从顶端发散出分叉。颜色时白时黑，黑白相间，好似含有尘土和火山渣。与此同时，维苏威火山东南方向的海岸和丘陵地带已变成一个恐慌的世界。

随高空气流而至的云团覆盖了庞贝和附近的庄园，将它们笼罩在一片黑暗之中。接踵而至的是无休止的岩屑雨，这些岩石小的还不及米粒，大一些的则似拳头。这些岩屑是一种气体释放后形成的多孔的、重量较轻的石头，但大约10%是实心石头。尽管落下来的大部分是浮石，由于下降速度很快，这些较重的抛射物使不少人丧生。火山灰在这一地区飘落了几天之久，致使庞贝的大部分地方从人们的视野中消失。火山最后一次喷发释放出的火山灰几乎覆盖了所有剩余的一切，掩盖了城市痛苦不堪的最后挣扎。

根据测算，这次火山爆发持续了30多个小时，喷发到地面的物质大约有3立方千米。"庞贝爆发"在我们所知道的火山爆发中占有重要的地位，当然也是人口稠密区最大的火山爆发。直到18世纪初期考古挖掘以前，庞贝是在地面上被勾销了的古城。

 知识点

火成岩

　　火成岩也叫岩浆岩，是指从地壳里喷出的岩浆，或者被融化的岩石冷却后，重新形成的一种岩石。由于是从火山内部喷薄而出，再经冷却形成，因此又叫喷出岩，现在已经发现700多种岩浆岩，大部分是在地壳里面的岩石。常见的岩浆岩有花岗岩、安山岩及玄武岩等。一般来说，岩浆岩易出现于板块交界地带的火山区。

岩浆岩分为火山岩（外部）、浅成岩和深成岩（内部）。浅成岩是岩浆在地下，侵入地壳内部 1.5~3 千米的深度形成的火成岩，一般为细粒、隐晶质和斑状结构；深成岩也叫侵入岩，是岩浆侵入地壳深层 3 千米以下，缓慢冷却形成的火成岩，一般为全晶质粗粒结构。

延伸阅读

维苏威火山观测站

维苏威火山观测站建于 1845 年，位于维苏威火山附近，是世界上最早建立的火山观测站。维苏威火山观测站里面的设施非常现代化，一楼大厅里有展板介绍有关火山的知识，触摸式电脑可模拟显示火山的喷发过程。观测站的一楼和地下一层还建有火山博物馆，陈列着各种形状的火山弹、火山灰等火山喷发物。玻璃柜中还展示着从庞贝古城挖掘出来的"石化人"，尽管已看不清面貌，但模样还栩栩如生，都保持着死于当时火山喷发时的姿势。每年都有来自世界各地的人群前往维苏威火山观测站游览。

鲁文佐里山

鲁文佐里山是乌干达和刚果民主共和国边界上的山脉，南北长约 130 千米，最大宽度 50 千米，位于爱德华湖和艾伯特湖之间。鲁文佐里山脉位于赤道上的山峰终年积雪，幻妙的奇景被浓雾所遮盖。

鲁文佐里山脉能够显露出奇异的光芒，并不完全靠雪，岩石本身也发光，因为覆盖着花岗岩的云母片岩会发光，这是由地壳运动产生出的炽热和高压形成的。在地质学上，鲁文佐里山脉是由一块巨大的陆地向上隆起，然后剧烈倾斜而形成的，前后历时不到 1000 万年。就时间而论，其形成期并不长。因为它比较年轻，所以仍然十分嶙峋。6 座高山直插苍穹，都有冰川缓缓流

鲁文佐里山

入山谷。大山之间隔有隘口和深河谷，河谷上游有冰川和小湖，东侧雪线海拔4511米，西侧4846米。与多数非洲雪峰不同，它不是由火山形成的，而是一个巨大的地垒，最高点是斯坦利山的玛格丽塔峰，海拔5119米。

鲁文佐里山脉是非洲大陆很少几处有永久冰雪覆盖的山脉之一。气候随山体高度和朝向而变化，南坡高约2500米，较为潮湿，是降水最多的地区。每天的温度明显地变动于15℃～21℃之间。山顶常年笼罩在薄雾中。

山脉的最高点是玛格丽塔峰。沿山上行，生态环境的变化幅度很大，山脚下覆盖着茂密的草地。草地延伸的高度约为1200～1500米间，在那里草地让位于高大的森林。这里的优势树种是雪松、樟树和罗汉松，它们生长的高度可达49米。雨林占优势的高度可上抵2400米，雨林在那里消失在竹林中。竹林生长得很密集，以至野兽和阳光都穿不透它。竹子可长至15米高。3000多米以上是亚高山沼泽地带，占优势的是苔草和粗劣的生草草地，以及由刺柏和罗汉松组成的疏林。扭曲多节的树枝张灯结彩般地装饰着苔藓、欧龙牙草、蕨类以及长长的彩带般的地衣，它们均在终年潮湿的大气中茁壮成长。这种戏剧性的虚幻效果，为它赢得"月亮山"的美名。

再往高处，4270米以上，是由湖泊、冰斗湖、冰瀑和独特的植物群组成

DIQIU GHUANGZAO DE QIYI ZIRAN FENGGUANG

的高山带。长得低矮的草本植物通常在这里占很大比重。常见的树种有千里光、半边莲和金丝桃，它们均可长至 9 米高，而且有厚层软木般的树皮。这里地表覆盖着厚厚的枯枝落叶层。在每枝树枝的末端有由宽大的肉质叶片组成的莲座叶丛，叶面覆有细粉状的银毛。这些莲座叶丛围绕着敏感的生长点，当晚上气温骤降时，叶片包封住它以免受寒害。

在鲁文佐里山脉不仅仅植物区系具有独特性，众多的山坡也维持着一个复杂多样的动物区系。鲁文佐里山脉有不少于 37 种的地方性鸟类和 14 种蝴蝶。鸟类包括奇异的红头鹦鹉和蓝冠蕉鹃。在森林中常能见到它们像一道彩色的闪光一样飞驰而过。鸟类的天敌很多，如黑雕、隼鹰，但隼鹰还能捕食森林中的猴子。

肯尼亚林羚

高大的森林也是多种哺乳动物的栖息地，包括象、黑犀牛、小羚羊以及肯尼亚林羚、黑疣猴、白疣猴和丛猴。难以捉摸的霍加披（长颈鹿的亲属）、野猪、野牛在布满草和沼泽的较开阔的林间空地觅食。然而山地森林中最著名的栖息动物则是山地大猩猩，它是该生态条件下的特有种。现今尚存的野生山地大猩猩不足 700 只，非常珍稀而且处于高度濒危状态。它们遭受着人类直接迫害和丧失生态环境的双重灾难。不像其近亲黑猩猩，山地大猩猩是一种安详的动物，除了植物的嫩芽和木髓外不吃其他东西，它决不以任何肉类为补充食物。山地大猩猩约 10 只一群，由一只雌性或"银背"大猩猩（雄性）为主，带几只雌性和年幼大猩猩。当山地大猩猩取食时，极具破坏性，一旦食毕，该地区似乎被劫掠一空，满目疮痍。但是，在其离开几个月后，山地大猩猩喜爱的植物重新生长，且生机盎然。

花岗岩

　　花岗岩是一种岩浆在地表以下凝却形成的火成岩，主要成分是长石和石英。花岗岩属于深成岩，常能形成发育良好、肉眼可辨的矿物颗粒，因而得名。花岗岩不易风化，颜色美观，外观色泽可保持百年以上，另外，其硬度高（仅次于钻石）、耐磨损，是高级的建筑装饰工程材料。

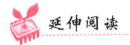

鲁文佐里国家公园

　　鲁文佐里国家公园占地面积约1600平方千米。海拔2400米以下的山坡，被一望无际的原始森林覆盖，这里有金丝桃科的一些植物；海拔3000米的地方，密密麻麻生长着高达十几米的细竹；海拔3800米的地方，生长着高达10米的杜鹃科的常绿树石楠。鲁文佐里国家公园中，已有75种树木得到确认，其中有9种非常珍贵。此外，在鲁文佐里国家公园内，动物和昆虫的种类繁多，濒临灭绝的非洲象、黑猩猩、长尾猴，是鲁文佐里国家公园的代表性动物。

乞力马扎罗山

　　乞力马扎罗山位于坦桑尼亚的东北部。乞力马扎罗山海拔5800多米，是非洲第一高峰，素有"非洲屋脊"之称。"乞力马扎罗"的意思是"光辉的山"。它在辽阔的热带绿色草原上拔地而起，附近没有其他山峰，因此被称为"非洲大陆之王"。因为山顶终年冰雪覆盖，所以又有"赤道雪峰"之称。乞力马扎罗山四周都是山林，那里生活着众多的哺乳动物，其中一些还是濒于灭绝的种类。

乞力马扎罗山

乞力马扎罗山有两个主峰，一个叫基博，另一个叫马文济。两峰之间由一个10多千米长的马鞍形的山脊相连。远远望去，乞力马扎罗山是一座孤单耸立的高山，在辽阔的东非大草原上拔地而起，高耸入云，气势磅礴。雄伟的蓝灰色的山体同其白雪皑皑的山顶一起，赫然耸立于坦桑尼亚北部的半荒漠地区，如同一位威武雄壮的勇士守卫着非洲这块美丽富饶的大陆。

乞力马扎罗山是一座至今仍在活动的休眠火山。基博峰顶有一个直径2400米、深200米的火山口。口内四壁是晶莹无瑕的巨大冰层，底部耸立着巨大的冰柱，冰雪覆盖，宛如巨大的玉盆。

乞力马扎罗山实际上有三座火山，通过一个复杂的喷发过程把它们连接在一起。最古老的火山是希拉火山，它位于主山的西面。它曾经很高，是伴随着一次猛烈的喷发而坍塌的，现在只留下高3810米的高原。第二古老的火山是马文济火山，它是一个独特的山峰，附属于最高峰的东坡。乍看它似乎丝毫不比乞力马扎罗峰逊色，但它隆起的高度只有5334米。

三座火山中最年轻、最大的是基博火山，它是在一系列喷发中形成的，并被约2000米宽的破火山口覆盖着。在相继的喷发中，破火山口内发育了一个有火山口的次级火山锥，在稍后的第三次喷发期间，又形成了一个火山渣锥。于是基博巨大的破火山口构成的扁平山顶，成了这座美丽的非洲山脉的特征。

关于乞力马扎罗雪峰的形成，有许多传说。一种传说是，这里曾发生过天神恩赐与恶魔的激战。恶魔从山内点燃大火，烟雾腾腾，火光冲天。天神针锋相对，用暴雨将大火浇灭，终于战胜恶魔。从此，乞力马扎罗山戴上了灿烂的雪冠。

在山脉的顶部是乞力马扎罗的永久冰川。这是极不寻常的，因为该山位于赤道之南仅 3°，但近来有迹象表明这些冰川在后退。山顶的降水量一年仅200 毫米，不足以与融化而失去的水量保持平衡。有些科学家认为火山正在再次增温，加速了融冰的过程。而另一些科学家则认为，这是因为全球升温的结果。无论是什么引起的，乞力马扎罗山的冰川现在比 20 世纪缩小了是没有争议的。如果这种情况保持不变的话，乞力马扎罗山的冰帽到 2200 年将消失。

山脊

山脊是由两个坡向相反坡度不一的斜坡相遇组合而成条形脊状延伸的凸形地貌形态。山脊最高点的连线就是两个斜坡的交线，叫做山脊线。山脊是连成一排的山峰，山峰之间连成一条长线，好像动物的脊骨有一条突出的线条，所以命名为山脊。山脊有不同的种类。

乞力马扎罗火山国家公园

为保护乞力马扎罗火山的独特面貌和珍惜物种，人们于 1968 年建立了乞力马扎罗国家公园。乞力马扎罗国家公园在海拔 1800 米到乞力马扎罗峰之间，面积 756 平方千米。乞力马扎罗国家公园的景色丰富多彩，海拔 1000 米以下是莽莽苍苍的热带雨林，海拔 2900 米以上是高山灌木和草丛，雪线以上是苔原和冰原。公园内栖息着大象、疣猴、蓝猴、阿拉伯羚、大角斑羚等多种野生动物。

山脚下种植着大片的咖啡和香蕉，再往上就是森林了。每年充足的降水为林木的生长提供了足够的水分。在山上，蕨类植物能长到6米多高，而一些落叶林则常常高达9米多。海拔2740米以上，林木渐少，此处的主要植物是草类和灌木，有时会看到大象在草地上漫步。在海拔3900米处，恶劣的气候使得林木以及草类无法生长，这里主要生长着地衣和苔藓。穿过这些生物带就是乞力马扎罗山的主峰。

黄山"四绝"

黄山位于安徽省南部，以"震旦国中第一奇山"而闻名。黄山以其壮丽的景色——生长在花岗岩石上的奇松和浮现在云海中的怪石而著称。奇松、怪石、云海被誉为黄山"三奇"，加上温泉，合称黄山"四绝"，名冠于世。其劈地摩天的奇峰、玲珑剔透的怪石、变化无常的云海、千奇百怪的苍松，构成了无穷无尽的神奇美景。因此黄山又有"人间仙境"之美誉。

从自然地理的角度来看，黄山属于中国东南丘陵的一部分，是长江水系和钱塘江水系在安徽省境内的分水岭。黄山山脉南北长约40千米，东西宽约30千米，全山总面积约1200平方千米，而黄山风景区则是这座山脉的核心，面积为154平方千米。

大约在3亿年前，黄山所在的地方是一片被称作"古扬子海"的汪洋。后来，古扬子海不断缩小，随之出

黄山迎客松

露的陆地被称作"江南古陆"。大约在两亿多年前，发生了一次大规模的地壳运动，古扬子海消失了，今天的黄山一带成了陆地。到了 1.43 亿年前，地下深处炽热的岩石向上升，并在距地面 3000～6000 米处冷却下来，形成了花岗岩岩体，这就是孕育在地下的黄山胚胎。

距今五六千万年前，这里开始了又一次大规模的地壳运动，终于使隐伏的花岗岩岩体冲出地面，形成了今天黄山的方圆布局。但是那时的黄山并不像今天这样奇幻美丽，后来风、雨、雪、霜、流水等自然的力量才把坚硬的花岗岩琢磨出如今玲珑剔透的模样。

黄山的美，是一种多层次、多侧面的综合的自然山水之美。黄山风景集奇异深邃、雄伟险峰和神秘莫测于一身，极具审美价值。其中尤以奇松、怪石、云海、温泉四景为人们所称道，被冠名为"黄山四绝"。

"黄山松"享誉中外，素有"无石不松，无松不奇"的称谓。黄山松多生长在海拔 800 米以上的高山崖石上。树龄一般在数百年以上，少数甚至达上千年。这些名松古老苍劲，奇形怪状，有立有卧，有的俯仰斜插，有的刚毅挺拔，有的盘曲倒挂。为此，人们评出了十大名松：舒枝引客的迎客松、垂首送宾的送客松、展翼欲飞的凤凰松，以及连理松、蒲团松、黑虎松、麒麟松、团结松、探海松、飞龙松。不论在山顶、山坡，还是山谷之中，黄山松到处可见，既奇且秀，美不胜收。

黄山层峦叠嶂，奇峰异石遍布全山，已有各种名称者多达 120 处。怪石千姿百态，小者玲珑剔透，造化精妙；大者

怪石"猴子观海"

梦笔生花

石林耸峙，石笋罗列。著名的怪石有"松鼠跳天都"、"猴子观海"等。黄山巧石之中更有两种奇妙之处：一种是由于站在不同位置观看，会出现两种不同的景象，如在半山寺看天都峰侧有一小峰如"金鸡"，名为"金鸡叫天门"，而到蟠龙坡上回头再看，"金鸡"却变成了"五个老人"，成为"五老上天都"了。

"仙人指路"也属此类。另一种奇妙所在是巧石与奇松的美妙组合，构成令人称绝的景观，如北海的"梦笔生花"即是石之"笔"和松之"花"相结合而形成的。

黄山多云海。每当雨过天晴，或在日出之前，山谷中就雾起云腾，铺天盖地而来，似海不是海，如烟不像烟，风来则气象万千，日出则五光十色，

黄山云海

其波澜壮阔之势、变幻莫测之状，蔚为壮观。云海使黄山静中有动，姿态万千，成为黄山优于其他名山的一大特色。黄山云海分为五片，白鹅岭以东称东海，飞来峰以西称西海，莲花峰以南称南海，狮子林以北称北海，光明顶周围称天海。

黄山温泉

　　黄山温泉有三处：一在紫云峰下，名"温泉"；一在松谷庵南侧，名"锡泉"；一在圣泉峰顶，名"圣泉"。前山"温泉"水温较高，一般保持在42℃左右，水质清澄，水味甘美。相传轩辕黄帝曾在此沐浴，返老还童，由此声誉大振，名扬四方，被称为"灵泉"。

知识点

云　海

　　所谓云海，是指在一定的条件下形成的云层，并且云顶高度要低于山顶高度，当人们在山顶俯视云层时，看到的是漫无边际的云，云波峰涌，浪花飞溅，惊涛拍岸。故称这一现象为"云海"。在日出和日落的时候形成的云海五彩斑斓，称为"彩色云海"，景象最为迷人。黄山云海、峨眉山云海、大岭云海最为著名。

延伸阅读

轩辕黄帝与黄山

相传，华夏祖先轩辕黄帝最初见到黄山时，便被它秀丽的风景所倾倒。山峰间白云缭绕，好似人间仙境。黄帝带着术士容成子和仙人浮丘在这里游玩，他们感到这里有仙气，是炼神丹妙药的好地方，于是就住在山上炼起丹来。他们先在一座山上炼，后来又在温泉附近的山洞里炼。一次，他们在溪水里的一块石头上，炼呀，磨呀，研呀，竟把这块石头磨出了个洞，像一口小小的石上井。最后，轩辕黄帝和容成子、浮丘公终于把神丹炼出来了，据说炼出的神丹如果吃下去，人就可以长生不老。如同现在的轩辕峰、容成峰、浮丘峰一样与天地同在，轩辕黄帝当年炼丹的那座山峰，现在叫做炼丹峰，当年炼丹的那块石头上的小洞，现在叫丹井。

庐山奇峰

"横看成岭侧成峰，远近高低各不同。不识庐山真面目，只缘身在此山中。"苏东坡的这首诗真切地描述了庐山的奇观。而古今中外发现并描述庐山奇观的并非苏东坡一人。从这一点来说，庐山绝对算是中国南方值得大书特书的一座名山了。

庐山位于长江中游南岸、鄱阳湖滨，是座地垒式断块山。大山、大江、大湖浑然一体，险峻与柔丽相济，素以雄、奇、险、秀闻名于世。庐山具有重要的科学价值与美学价值。庐山风景名胜区面积302平方千米，外围保护地带500平方千米。庐山有独特的第四纪冰川遗迹，有河流、湖泊、坡地、山峰等多种地貌类型，有地质公园之称。

庐山在十亿多年前就开始了它的发展史。它记录了地球的地壳演变史，承载过地球曾发生的一次次惊心动魄的巨变：海陆的轮番更替、地壳的缓慢沉积、气候的冷热交替、生物的生死嬗递、燕山运动的山体崛起、第四纪冰

庐山远景

川的洗礼等。

　　庐山是存留第四纪冰川遗迹最典型的山体：大坳冰斗、芦林冰窖、王家坡 U 形谷、莲谷悬谷、犁头尖角峰、含鄱岭刃脊、金竹坪冰坡、石门涧冰坎和"冰桌"、鼻山尾、羊背石、冰川条痕石等。大约在两千多万年前的喜马拉雅造山运动中，庐山才成断块山崛起。在距今 200 万年前的第四纪大冰期中，庐山至少产生过 3～4 次亚冰期。每个亚冰期长达数十万年，由于气候严寒，降雪量充沛，产生了冰川。每次冰川都对宏伟的庐山进行一番雕饰。亚冰期之间的间冰期气候炎热可达数十万年，冰川消融，流水涓涓，庐山四周断崖瀑布林立，泥石流不断产生，使庐山变得险峻而秀丽，成为天下名山。

　　庐山地质构造复杂，形迹明显，展现出地壳变化的主要过程。北部以褶曲构造为主要特征，形成一系列谷岭地貌；南部和西北部则为一系列断层崖，形成高峻的山峰。山地中分布着宽谷和峡谷，外围则发育为阶地和谷阶。由于断层块构造形成的山体多奇峰峻岭，所以庐山群峰有的浑圆如华盖，有的绵延似长城，有的高摩天穹，有的俯瞰波涛，雄伟壮观，气象万千。山地四

庐山大汉阳峰

周虽满布断崖峭壁，幽深涧谷，但从牯岭街至汉阳峰及其他山峰的相对高度却不大，起伏较小，谷地宽广，形成"外陡里平"的奇特地形。庐山主峰大汉阳峰，海拔 1474 米，四周围绕的群峰之间散布着道道沟壑，重重岩洞，条条瀑布，幽幽溪涧，地形地貌复杂多样。水流在河谷发育裂点，形成许多急流与瀑布。著名的三叠泉瀑布，落差达 155 米。

庐山处于亚热带季风区，雨量充沛，气候温和宜人，是盛夏季节高悬于长江中下游"热海"中的"凉岛"。山中温差大，云雾多，千姿百态，变幻无穷。有时山巅高出云层之上，从山下看山上，庐山云天缥缈，时隐时现，宛如仙境；从山上往山下看，脚下则云海茫茫，犹如腾云驾雾一般。优越的自然条件使得庐山植物生长茂盛，植被丰富。随着海拔高度的增加，地表水热状况垂直分布，由山麓到山顶分别生长着常绿阔叶林、落叶阔叶林及两者的混交林。据不完全统计，庐山植物有 210 科、735 属、1720 种，分为温带、热带、亚热带、东亚、北美和中国 6 个类型，是

庐山三叠泉瀑布

庐山云海

一座天然的植物园。

知识点

断块山

　　断块山又称断层山，是因地壳断裂呈整体抬升或翘起抬升形成的山地。

　　断块山按断层形式分为：地垒式断块山和掀斜式断块山。

　　1. 地垒式断块山：是断块沿两条或多条断裂隆起而成的山地。两侧山坡较对称，为陡立的断层崖，山坡线较平直，与相邻的谷地或盆地间有明显的转折，如我国江西庐山、山东泰山、陕西华山等。

　　2. 掀斜式断块山：山形不对称，断裂上升一侧为陡峻的断层崖，另一侧山坡缓长，向盆地或谷地过渡，山体的主脊偏居翘起的一侧。如我国山西五台山，西侧沿滹沱河断裂带掀斜，形成"五台"，山体陡峻，直下滹沱河谷地；东侧舒缓，向台怀盆地过渡。

DIQIU GHUANGZAO DE QIYI ZIRAN FENGGUANG

延伸阅读

庐山名称由来传说

　　传说，在周初，有一位叫匡俗（也有叫匡裕）的，在庐山学道求仙。后来匡裕在庐山寻道求仙的事，为朝廷所获悉。于是，周天子屡次请他出山相助辅佐朝政，匡裕屡次回避，经常潜入深山不出，后来，干脆无影无踪了。后来人们美化这件事把匡裕求仙的地方称为"神仙之庐"。因为"成仙"的人姓匡，所以称匡山，或称为匡庐。到了宋朝，为了避宋太祖赵匡胤"匡"字的讳，而改称庐山。

丹霞地貌

　　丹霞山位于广东省北部，处于韶关市仁化、曲江两县交界地带。丹霞山被誉为岭南第一奇山。山体由红色砂砾岩组成，沿垂直节理发育的各种丹霞奇峰极具特色，被称为"中国红石公园"。这里是"丹霞地貌"的命名地。狭义的丹霞山仅限于北部的长老峰、海螺峰和宝珠峰构成的山块，以宝珠峰最高，海拔409米。广义的丹霞山包括了这里由红石组成的215平方千米的丹霞山区。

　　丹霞山区在地质构造中属于南岭山脉中段的一个构造盆地，地质学上叫丹霞盆地。大约在距今一亿年前后，南岭山地强烈隆起，这里相对下陷，

丹霞地貌

形成一个山间湖盆。在湖盆中开始了红色碎屑物质的堆积。直到距今7000万年以前，在盆地中形成了一层厚度约3000米、粗细相间的红色沉积盆地地层。其上部1300米厚的坚硬砂砾岩，称为丹霞组地层，丹霞山的奇山异石，就发育在这层丹霞组地层上。在约距今4000万~5000万年前后，随着地壳运动，整个湖盆抬升，锦江及其支流顺着裂隙对这一层红色沉积岩下切侵蚀，保存下来的岩层就成为现在看到的丹霞山群。据专家研究，丹霞山地区的地壳还在抬升，平均每万年上升0.97米。

构成丹霞山的岩层多呈水平状态，而且粗细、软硬不同。粗大的碎石组成的岩层称作砾岩，一般比较坚硬；粗细均匀的叫砂岩，更细的叫粉砾岩，砂岩尤其是粉砾岩比较软。软弱的岩层更容易受到风化和侵蚀，形成与岩层一致的近水平凹槽或洞穴，坚硬的砾岩则突出为悬崖。日久天长，洞穴加

丹霞山岩层

深、扩大，上覆岩层失去重力平衡就会出现崩塌。所以丹霞崖壁就是过去的崩塌面。如果洞穴进一步风化或流水侵蚀，而穿透了某个山梁或石墙，在上部岩层比较完整的情况下可能会保存下来，就是天生桥或穿洞。

1938年，中国著名地质学家陈国达教授在对丹霞山及华南地区的红石山地进行考察研究之后，首先提出了"丹霞地貌"这一术语，而后"丹霞地貌"逐渐成了地理学中的一个专有名词。它特指由中、新生代红色砂岩构成的具有特殊形态的山地地貌。世界上的丹霞地貌主要分布在中国、美国西部、澳大利亚、欧洲中部，其中又以中国分布最广。中国目前已发现的丹霞地貌区达300多处，广东丹霞山在规模和景色上都堪称最佳。在丹霞地貌分布区，往往石块离散，群峰成林，山顶平缓，山坡直立；赤壁丹崖上色彩斑斓，洞穴累累；山与山之间是高峡幽谷，清静深邃；山石造型丰富，变化万千。其

丹霞山

雄险可比花岗岩岩石，奇秀不让喀斯特峰林。而且丹霞地貌分布区内往往都有河流穿过，丹山碧水相辉映，是构成风景名山的一个重要地貌类型。

 知识点

沉积盆地

　　沉积盆地是指相当厚的沉积物充填的地壳大型凹陷。从石油地质学看，要使一定面积上沉积物能堆积到相当大的厚度，该地区的地壳必然在整体上具有下沉趋势，即它是与沉积同时的同生凹陷。一个沉积区有自己的边界，在边界内沉积物有规律地分布，反映了沉积时或沉积岩原生状态时的古地理—古构造环境，因而它又可称为原生盆地或原型盆地。

　　我国第一大沉积盆地是塔里木盆地，第二大沉积盆地是鄂尔多斯盆地。

延伸阅读

丹霞山的由来

在民间，广泛流传着这样一个关于丹霞山的由来传说：在很久以前，丹霞山上有一个木佛精。一天，木佛精抓了一对情侣：阿丹和阿霞。阿丹和阿霞无时无刻不在想办法逃离苦海。木佛精身上有两件宝贝：火葫芦和水葫芦。若要逃生，得先把两件宝贝偷走才行。一天，木佛精喝醉了，阿丹和阿霞看逃走时机已到，准备逃跑，但不小心踢到了木佛精身边的茶壶，木佛精被惊醒了，他马上起来追赶阿丹和阿霞。他打开火葫芦，烈火沿着阿丹、阿霞逃跑的方向一路燃烧，最终，两人全身被烈火烧得通红，变成了一座焦岩。就是现在看到的丹霞山上的人面石。后人为了纪念为爱情宁死不屈的阿丹、阿霞，就把这里取名叫丹霞山。

腾冲火山群

亿万年前，腾冲曾经是茫茫沧海。印度大陆和亚欧大陆在这里碰撞接合，海洋变成了陆地，海底隆起为气势非凡的山脉，将无数五光十色的珊瑚海蚌，高高擎到蔚蓝的天宇。腾冲是规模浩大的造山运动最激烈的部位。在五千多平方公里的土地上，留下了世界上最密集的火山群与热泉群。火山已熄灭了若干万年，而复杂的地质构造，珍稀的动物植物，神奇的自然景观，以不可比拟的多样性、不可替代的独特性、难于穷究的神秘性，成为沧桑迭变的一大奇迹，成为全人类最宝贵的财富。

素有"天然地质博物馆"之誉的腾冲县，地处印度与欧亚大陆两大板块边缘，地壳运动活跃，火山多发。火山口附近广泛分布着熔岩台地和火山碎屑岩，以及熔岩流构造，组成了丰富奇特的景观——腾冲火山群。腾冲火山群类型齐全，规模宏大，保存完整。腾冲坝子处于一片年轻的休眠式活火山群的怀抱之中，其四周有打鹰山、马鞍山、龟坡、来凤山、大小黑空山等。

DIQIU GHUANGZAO DE QIYI ZIRAN FENGGUANG

腾冲火山群

山势雄伟，景色秀丽。其中大空山、小空山、黑山三个火山锥口径均为300～400米，深达数十米，自北向南呈一字排列，间距约1000米左右。周围还有几座火山，外貌相似，风光各异。山顶火山口呈铁锅形，当地人称之为"空山"。放重脚步走时就可听到咚咚的回音，有地动山摇之感。

　　腾冲火山附生地质现象非常丰富，典型的有地热带、热海热田、地热显示、热泉（124处）等。其中地热显示特征分为喷气孔、冒气地面、热沸面、喷泉、毒气孔、热水泉华、热水爆炸等七类景观。热水泉华景观又有泉华台地、泉华堤、泉华堆、泉华陡壁、泉华冢、泉华扇、泉华蘑菇、泉华豆、泉华葡萄、泉华洞以及洞内华钟乳、泉华鹅管等等。其内容之丰富，色彩之艳丽，为世界之罕见。

　　"好个腾越州，十山九无头。"90多座保存完好的火山锥气势磅礴，雄峙苍穹。一座座火山各据地势，各显雄姿壮采。有的如硕大的马蹄，有的如高高的城垛，有的如截顶的圆锥，有的如煮天之巨锅，有的如烹象之神鼎，有的如吞日吐月之口……千奇百怪的火山石形状各异，穷尽万象之妙，令人叹为观止。整齐规则的六方形石柱排列有序，壁立万仞，状如蜂巢的火山浮石虽大如合抱，而二指可携，浮于江面，如鳌如鳄随波逐流。神秘莫测的火山溶洞幽险曲折，通往大山的心腹。由于岩浆涌流而形成大片大片扇形的火山台地，十分壮观。岩浆堵塞深谷，形成了堰塞湖泊，久而久之，演化成大面积的湿地。地处低洼的火山口，由于底部堵塞，形成了一面面圆镜般的湖泊。

腾冲火山地热

地 热

　　地热是来自地球内部的一种能量资源，天然温泉的温度大多在60℃以上，有的可达100℃～140℃，地球上火山喷出的熔岩温度高达1200℃～1300℃，地球是一个庞大的热库，蕴藏着巨大的热能。这种热量渗出地表，于是就有了地热。地热能是一种清洁能源，是可再生能源，其开发前景十分广阔。地热在地球上有不同的呈现形式。按照其储存形式，地热资源可分为蒸汽型、热水型、地压型、干热岩型和熔岩型五大类。

延伸阅读

徐霞客与腾冲火山群

1639 年，大旅行家徐霞客曾游此山并从当地人口中得知："三十年前，其上皆大木巨竹，蒙蔽无隙，中有龙潭四，深莫能测，足声至则涌波而起，人莫敢近。后有牧羊者，一雷而震毙羊五六百及牧者数人，连日夜火，大树深篁，燎无孑遗，而潭亦成陆。"为证虚实，他还悉心做了现场调查，结果发现："山顶之石，色赭赤而质轻浮，状如蜂房，为浮沫结成者，虽大至合抱，而两指可携，然其质仍坚，真劫灰之余也。"

火焰山奇观

火焰山位于新疆吐鲁番盆地北缘，古书称赤石山，维吾尔语称为"克孜勒塔格"，意即红山。火焰山脉呈东西走向，东起鄯善县兰干流沙河，西止吐鲁番桃儿沟，长 100 千米，最宽处达 10 千米，一般高度在 500 米左右，最高峰在鄯善吐峪沟附近，海拔 831.7 米。火焰山崇山秃岭，寸草不生。

每当盛夏，红日当空，地气蒸腾，焰云缭绕，形如飞腾的火龙，十分壮观。

地质学家经研究发现：火焰山是天山东部博格达山坡前山带短小的褶皱，形成于喜马拉雅山运动期间。山脉的雏形形成于距今 1.4 亿年前，基本地貌格局形成于距今 1.41 亿年前，经历了漫长的地质岁月，跨越了侏罗纪、白垩纪和第三纪几个地质年代。

火焰山自东而西，横亘在吐鲁番盆地中部，为天山支脉之一。亿万年间，地壳横向运动时留下的无数条褶皱带和大自然的风蚀雨剥，形成了火焰山起伏的山势和纵横的沟壑。在烈日照耀下，赤褐砂岩闪闪发光，炽热气流滚滚上升，云烟缭绕，犹如大火烈焰腾腾燃烧，这就是"火焰山"名称的由来。

火焰山深居内陆，湿润气流鞭长莫及难以进入，云雨稀少，十分干燥，太阳辐射被大气削弱少，到达地面热量多；地面又无水分供蒸发，热量支出少，地温升得很高；而大地又把能量源源不断地传给大气。加上火焰山地处闭塞低洼的吐鲁番盆地中部，一方面阳光辐射积聚的热量不易散失；另一方面沿着群山下沉的气流送来阵阵热风，由于焚风效应，更加剧了增温作用，以上种种，使这里形成名副其实的"火州"。

火 焰 山

由于地壳运动断裂与河水切割，火焰山山腹中留下许多沟谷，主要有桃儿沟、木头沟、吐峪沟、连木沁沟、苏伯沟等。而这些沟谷中绿荫蔽日，风景秀丽，流水潺潺，瓜果飘香。其中最著名的要数吐峪沟大峡谷了。吐峪沟大峡谷位于鄯善县境内火焰山中段，北起苏巴什村，南到麻扎村，两村间的峡谷长约 12.5 千米，大峡谷面积约为 12 平方千米。南北两端有简易的盘山公路相连通。南谷口西南距高昌古城 13 千米，位置优越。吐峪沟大峡谷内有火焰山的最高峰。吐峪沟大峡谷的东西两峰，素有"天然火墙"之称，温度最高时可达 60℃。

吐峪沟大峡谷浓缩了火焰山景观的精华。沟谷两岸山体本是赭红色，在阳光的照耀下便显得五彩缤纷，且色彩浓淡随天气阴晴雨雾而变幻万千。山涧小溪斗折蛇行向南流去，漫步谷底，溪流清澈。仰望千姿百态的五彩奇石，红、黄、褐、绿、黑等多种色彩杂陈于眼前。吐峪沟峡谷山体之奇、山岩之美、涧水之秀、珍果之甜，为其他峡谷所少有，称之为"火焰山中最壮美的

DIQIU GHUANGZAO DE QIYI ZIRAN FENGGUANG

峡谷"。

　　吐峪沟大峡谷底部的土壤呈黄红色。穿谷而过的天山雪水将黄红色的土壤冲出南谷口，在峡谷南端形成了肥沃的冲积平原。这种土壤最适宜培植无核白葡萄，所以葡萄最早落户中国正是在吐峪沟。这里是吐鲁番无核白葡萄的故乡，也是无核白葡萄的出口基地之一。这里出产的无核白葡萄颗粒最大、甜味最浓，素有"葡萄中的珍品"之美誉。

火焰山红色土壤

　　葡萄沟也是风景秀丽、瓜果飘香的沟谷之一。葡萄沟位于火焰山西端，沟中铺绿叠翠，景色秀丽，别有洞天，同火焰山光秃秃的山体形成鲜明的对照。葡萄沟内，两山夹峙，形成坡洼沟谷，中有湍急溪流。沟长 8000 米，宽500 米，其间布满了果园和葡萄园。

　　这里世代居住着维、回、汉等民族的果农，主要种植著名的无核白葡萄和马奶子葡萄，还有玫瑰红、喀什哈尔、比夫干、黑葡萄、琐琐葡萄等优良葡萄品种。沟中的无核白葡萄晶莹如玉，堪称天下最甜的葡萄。葡萄沟的崖壁中渗出泉水，汇而成池，池水清澈。漫步于此地，令人有不知身在炎炎火焰山中之感。

知识点

冲积平原

冲积平原是由河流沉积作用形成的平原地貌。在河流的下游，由于水流没有上游急速，而下游的地势一般都比较平坦。河流从上游侵蚀了大量泥沙，到了下游后因流速不再足以携带泥沙，结果这些泥沙便沉积在下游。尤其当河流发生水浸时，泥沙在河的两岸沉积，冲积平原便逐渐形成。

冲积平原的形成条件有三个：

①在地质构造上是相对下沉或相对稳定的地区，在相对下沉区形成巨厚冲积平原，在相对稳定区形成厚度不大的冲积平原。

②在地形上有相当宽的谷地或平地。

③有足够的泥沙来源。

基本上任何河流在下游都会有沉积现象，尤其是一些较长的河流沉积现象更为普遍。世界上最大的冲积平原是亚马孙平原，是由亚马孙上游的泥沙冲积而成。而我国的黄河三角洲和长江中下游平原以及宁夏平原也属于冲积平原。

延伸阅读

火焰山的传说

传说一，即是我们熟知的《西游记》里的故事，作者吴承恩认为火焰山的生成是齐天大圣孙悟空大闹天宫时，自太上老君炼丹炉出来，蹬掉几块带着余火的砖，火砖从天而降，跌落到吐鲁番，就形成了火焰山。山本来是烈火熊熊，孙悟空用芭蕉扇，三下扇灭了大火，冷却后就变成了今天这般模样。

传说二，维吾尔族民间传说这山深处原有一只恶龙，专吃童男童女。当地最高统治者沙托克布喀拉汗为除害安民，特派哈拉和卓去降伏恶龙。经过一番惊心动魄的激战，恶龙在吐鲁番东北的七角井被哈拉和卓所杀。恶龙带伤西走，鲜血染红了整座山。因此，维吾尔人把这座山叫做红山，也就是我们现在所说的火焰山。

武陵源奇峰异洞

　　武陵源位于湖南省西北部武陵源山脉中段桑植县、慈利县交界处，隶属张家界市。由各具特色的四大风景区组成，分别是张家界国家森林公园和国家地质公园、索溪峪、天子山、杨家界三个自然保护区。总面积390.8平方公里，中心景区面积264平方公里，外围保护地带面积126.8平方公里。

武陵源风光

　　武陵源风景区有比较原始的生态系统，3000多座形状奇异的山峰，800多条沟谷，还有变幻的云海、神秘的溶洞、奔泻的瀑布，集中国名山的雄、奇、险、秀、幽、野于一身，有"天下奇峰归武陵"的美誉。由于造化之功，武陵源既有浓郁的浪漫情调，又富有神秘色彩。峰石参差，沟壑纵横，岫峦飞动，形成错落有致、高低有序、层次丰富的风景空间序列，呈现出跌宕动感的节奏和韵律。在群峰中以天子山、黄狮寨等高台地为中心，形成"百鸟朝凤"、"众星拱月"之势。如从索溪峪经植物园、回音壁、南天门至天子山，一路峰峰挺秀，石石标新，美不胜收。登上天子山高台之后，豁然开朗，近峰远岫饱览无遗，云烟霞辉，尽收眼底，令人心旷神怡。

每当雨过转晴或阴雨连绵的天气，幽幽山谷中生出了云烟，云雾缥缈在层峦叠嶂间，云海时浓时淡，石峰时隐时现，景象变幻万千。雾，使晴日下坚硬的山峰变得妖娆、飘逸和神秘。观雾的最好季节是夏季，天子山是赏雾的最佳去处，也是摄影家常常涉足的地方。

这里的溶洞也很有特色，数量多，规模大。有名可数的就有黄龙洞、观音洞、响水洞、龟栖洞、飞云洞、金螺洞……索溪峪的黄龙洞长 7.5 千米。洞分四层，洞内有 1 座水库、2 条河流、3 挂瀑布、4 处潭水、13 个厅堂、96 条廊。"冰凌钟声"、"翠竹夹道"、"龙宫起舞"都是黄龙洞的精华所在。

武陵源集山峻、峰奇、水秀、峡幽、洞美于一体，5000 座岩峰千姿百态，耸立在沟壑深幽之中：800 条溪流蜿蜒曲折，穿行于石林峡谷之间。这里有甲天下的御笔峰，别有洞天的宝峰湖，有"洞中乾坤大，地下别有天"的黄龙洞，还有高耸入云的金鞭岩……无论是在黄狮寨揽胜、金鞭溪探幽，还是在神堂湾历险、十里书廊拾趣，或是在西海观云、砂刀沟赏景……都令人有美不胜收的陶醉，发出如诗如画的赞叹。武陵源是"天然去雕饰"的人间仙境，也是资源丰富的绿色植物宝库和野生动物乐园。这里拥有成片的原始次生林，珙桐、银杏、水杉、龙虾花等奇花异卉漫山遍野，还有猕猴、灵猫、角雉、锦鸡等珍禽异兽出没其间……

武陵源因位于西部高原亚区与东部丘陵平原亚区的边缘，东北接湖北，直达神农架等地，西南联于黔东梵净山，各地生物相互渗透，物种丰富，特别是这里地形复杂，坡陡沟深，加上气候温和，雨量丰富，森林发育茂盛，给众多物种的生存和繁衍提供了良好的环境条件。加之武陵源交通不便，人口稀少，受人为干扰较少，从而保存了丰富的生物资源，成为我国众多孑遗

武陵源黄龙洞风光

植物和珍稀动植物集中分布地区。据考证，千百年来武陵源从未发生过较大的气候异常、水土流失、岩体崩塌或森林病虫害大发生等现象，证明武陵源保持了一个结构合理而完整的生态系统，具有极其重要的科研价值。

武陵源具有完整的生态系统和众多的野生珍稀动植物物种资源，植被覆盖率达到97%，保存了长江流域古代孑遗植物群落的原始风貌，有高达50米、胸径近1.6米的古老银杏树，被称为自然遗产中的活化石；还有伯乐树、香果树等珍奇树种，区内植物垂直带谱明显，群落结构完整，生态系统平衡，属中国植物区系的华中植物区，是该植物区的核心地带，蕴藏着众多的古老珍贵植物和中国特有植物资源。森林覆盖率达88%。高等植物有3000余种，在众多的植物中，武陵松分布最广，数量最多，形态最奇，有"武陵源里三千峰，峰有十万八千松"之誉。古树是自然遗产中的"活文物"。武陵源的古树名木具有古、大、珍、奇、多的特点。神堂湾、黑枞垴保存有完好的原始森林。张家界村一株银杏古树高达44米，胸径为1.59米，被称为自然遗产中的活化石。生长于腰子寨的珙桐，是国家一级保护珍贵树木。这些植物种子资源，有着极高的科研价值，它们的生存环境、林相结构及其保护、保存等都是重大的研究课题。

武陵源给动物生活、繁衍创造了良好的环境条件。经初步调查，陆生脊椎动物共有 50 科 116 种，其中包括《国家重点保护动物名单》中的一级保护动物 3 种，二级保护动物 10 种，三级保护动物 17 种；武陵源动物世界中，较多的是猕猴，据初步观察统计为 300 只以上。当地人叫做"娃娃鱼"的大鲵，则遍见于溪流、泉、潭中。研究动物生态在武陵源生态系统中

武陵源郁郁葱葱的植被

的作用及两者的关系，对于保护动物和维护生态平衡有着重要的科学价值。

大自然鬼斧神工与精雕细琢，将这里变成今天这般神姿仙态。然而在亿万年前，这里曾是一片波涛翻滚的海洋。石英砂岩沉积于海岸地带，经过流水的长期侵蚀和复杂的地壳运动，形成这一地区最奇特的砂岩峰林地貌景观。

武陵源在区域构造体系中，处于新华夏第三隆起带。漫长的地质塑造了本区的基本构造地貌格架，而喜山及新构造运动是形成武陵源奇特的石英砂岩峰林地貌景观最基本的内在因素之一。

武陵源共有石峰 3103 座，峰体分布在海拔 500～1100 米，高度由几十米至 400 米不等。峰林造型景体完美无缺，若人、若神、若仙、若禽、若兽、若物，变化万千。武陵源石英砂岩峰林地貌的特点是：质纯、石厚，岩层垂直节理发育，显示等距性特点，间距一般是 15 至 20 余米，为塑造千姿百态的峰林地貌形态和幽深峡谷提供了条件。基于上述因素，加之在区域新构造运动的间歇抬升、倾斜，流水侵蚀切割、重力作用、物理风化作用、生物化学及根劈等多种外力的作用下，山体则按复杂的自然演化过程形成峰林，显示出高峻、顶平、壁陡等特点。

20 世纪 80 年代初武陵源重新被发现。这里的风景没有经过任何的人工

武陵源石峰

雕凿，到处是石柱石峰、断崖绝壁、古树名木、云气烟雾、流泉飞瀑、珍禽异兽。置身其间，犹如到了一个神奇的世界和趣味天成的艺术山水长廊。武陵源独特的石英砂岩峰林属国内外罕见，这些突兀岩壁峰石，连绵万顷，层峦叠嶂。峭立的岩峰，苍茫的林海，秀丽的山溪，幽深的洞壑……"三千峰林八百水"汇聚成这个神奇美妙的世界。

 知识点

群落

　　群落也叫生物群落，是指具有直接或间接关系的多种生物种群的有规律的组合，具有复杂的种间关系。组成群落的各种生物种群不是任意地拼凑在一起的，而有规律组合在一起才能形成一个稳定的群落。如在农田生态系统中的各种生物种群是根据人们的需要组合在一起的，而不是由于他们的复杂的营养关系组合在一起，所以农田生态系统极不稳定。

生物群落有一定的生态环境，在不同的生态环境中有不同的生物群落。生态环境越优越，组成群落的物种种类数量就越多，反之则越少。

延伸阅读

张家界国家森林公园

1982年9月25日，经中华人民共和国国务院批准，将原来的张家界林场正式命名为"张家界国家森林公园"。张家界国家森林公园的森林资源异常丰富。森林覆盖率达到97.7%。仅木本植物这一项，就比欧洲多出一倍以上。从植物分类来看，世界上的五大名科植物，如菊科、兰科、豆科、蔷薇科、禾本科，这里都有。在这里，属地方乡土树种的有苦木科的刺楸、杨柳科的大叶杨、川鄂杨；属樟科的宣昌楠、润楠、宣昌木姜子、猴樟；属槭树科的尖叶槭、房县槭；属榛科的山白果；属木兰科的红花木兰、白花木川楠、巴东木莲、地枇杷；属大风子科的加利树等等。这些珍贵树木为稀世之珍，用途十分广泛。

路南石林

路南石林位于云南省路南彝族自治县，"路南"是彝族的音译，含义是黑色的石头。这里距昆明120千米，是世界闻名的喀斯特地区之一，被人们赞誉为"天下第一奇观"。石林景区植被生长良好，森林覆盖率为30%。目前，石林风景区有小型的哺乳动物、爬行类动物、鸟类和昆虫等。凡滇中地区适宜的木本植物和花卉，在石林都可生长。

据科学鉴定，距今2.7亿年前，石林地区还是一片汪洋，海底沉积有厚厚的石灰岩，经中生代地壳的运动，海底上升露出水面形成陆地。200万年来，在高温多雨的环境中，在强烈的溶蚀和日复一日的风化作用下，海水和

路南石林

雨水沿着构造裂隙运动，使溶沟不断地扩大和加深，久之先成石芽，继而形成千百万座拔地而起的石峰，与众多的石柱、石笋连片成群，最后形成了今天我们看到的石林。

在石林间的峡谷小路中穿行，就像在艺术博物馆中参观一样。众多巨石拔地而起，千姿百态，形态各异。人们根据石头的外形赋予了它们美丽的传说，其中最著名的就是"阿诗玛峰"的故事。

阿诗玛峰位于石林边缘，从某个特定角度看它，宛若一个身背花篮、亭亭玉立的美丽少女，她就是中国的少数民族撒尼族传说中的姑娘阿诗玛的化身。出于对她的怀念和敬仰，人们都喜欢与阿诗玛峰合影留念。

阿诗玛峰的倩影是路南石林最美的风景。此外，石林中还有骆驼峰、象石等众多传神的石刻作品。在路南石林，大自然的鬼斧神工给人无限的惊叹和感慨。

在喀斯特地貌地区，溶洞很常见。石林的发育，离不开地下水道系统的支持。完善的地下水道系统，能不停息地将溶解了石灰岩的水溶液冲走，保证溶蚀过程持续不断地进行下去，最终塑造出像石林这种规模巨大、石峰造型千姿百态的地貌奇观。而地下水道自身也被不断地溶解，因此出现了地下溶洞，并随着地壳的变动，地下水的改道，于是就有了错综复杂的溶洞。

路南石林的地下有许多神奇的溶洞，例如芝云洞和奇风洞。芝云洞位于石林之西北约 3000 米处，是岩溶地貌的地下奇观之一。洞内有洞，大者可容千人，四壁布满石钟乳，击之有钟鼓声。另有石床、石田、石浪、石秤等物，谓之"仙迹"。洞顶岩溶滴落，历经亿万年，

阿诗玛峰

或如仙翁拄杖而立，或如玉笋、宝塔，或如青蛙跃然欲行，神韵流动，千姿百态。奇风洞位于大小石林东北 5000 米处。它由间歇喷风洞、虹吸泉和暗河三部分组成。

芝云洞

路南石林的另一景色就是那些低等生物了。如果分别在冬季和夏季来到石林，人们就会注意到石林的颜色大不一样。原来当雨季来临时，附在岩石表面的藻类和苔藓，由于水分充足，生长旺盛，呈现一种墨绿色，使整个石林远看像一幅水墨画一般；冬季寒冷无雨时，石头上的藻类与苔藓干枯了，石林便呈现出一种灰白色。又由于石灰岩表面分布着一条条溶痕，凹凸不平，藻类与苔藓的分布也就相应不同，因此即使就单一的石灰岩来看，颜色也仿佛"墨分五彩"般具有丰富的层次。

喀斯特

喀斯特即岩溶，是水对可溶性岩石进行以化学溶蚀作用为主，流水的冲蚀、潜蚀和崩塌等机械作用为辅的地质作用，以及由这些作用所产生的现象的总称。由喀斯特作用所造成的地貌，称喀斯特地貌或岩溶地貌。

喀斯特地貌分布在世界各地的可溶性岩石地区。可溶性岩石一般有三类：①碳酸盐类岩石（石灰岩、白云岩、泥灰岩等）；②硫酸盐类岩石（石膏、硬石膏和芒硝）；③卤盐类岩石（钾、钠、镁盐岩石等）。

喀斯特可划分许多不同的类型。按出露条件分为：裸露型喀斯特、覆盖型喀斯特、埋藏型喀斯特。按气候带分为：热带喀斯特、亚热带喀斯特、温带喀斯特、寒带喀斯特、干旱区喀斯特。按岩性分为：石灰岩喀斯特、白云岩喀斯特、石膏喀斯特、盐喀斯特。此外，还有按海拔高度、发育程度、水文特征、形成时期等不同的划分等。

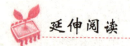

阿诗玛传说

从前有个叫阿着底的地方，阿诗玛是阿着底村的姑娘，她与撒尼小伙子阿黑脾气相投，立誓结为夫妻。有钱有势的财主热布巴拉想娶美丽的阿诗玛做儿媳妇，他派人上门说亲不成，便把她抢回去，关进牢里。勇敢、机智的阿黑听说后，立即骑马赶到财主家。他和财主比赛唱歌，比赛砍树、撒种、拾种等，都把财主斗败了。狠心的财主不服输，反而放出老虎来，又被阿黑射死了……当获胜的阿黑带着阿诗玛回家时，财主勾结崖神，放出洪水。当他俩过河时，滔滔洪水冲走了阿诗玛。阿黑为了找到阿诗玛，大声呼喊："阿诗玛！阿诗玛！"后来，应山仙子把阿诗玛搭救上来，但变成了眼前这座"阿诗玛"石峰。如今，游人若对着它喊一声："阿诗玛！"那么，对面石崖和石林都会传来"阿诗玛"的回声。

玉龙雪山

玉龙雪山位于云南省西部。玉龙雪山为云岭山脉中最高的一列山地，由13座山峰组成，海拔均在5000米以上，南北长35千米，东西宽约20千米，群峰南北纵列，山顶终年积雪，山腰常有云雾，远远望去，宛如一条玉龙腾空，玉龙雪山因而得名。玉龙雪山景区包括整个玉龙雪山及其东侧的部分区域，以高山冰雪风光、高山草甸风光、原始森林风光、雪山水域风光使世人惊叹。

玉龙雪山是世界上北半球纬度最低的一座有现代冰川分布的极高山（极高山，是指海拔5000米以上，相对高度大于1500米，有着永久雪线和雪峰的大山），在地质历史上曾有近4亿年的时间为海洋环境。直到1亿多年前的中生代三叠纪晚期，发生了印支运动，玉龙雪山地区才从海底升起。又

玉龙雪山

经过多年地壳运动，到了距今70万~60万年的中更新世早期，才形成高山、深谷、草甸相间的地貌形态。加上全球性气候多次明显变冷，从而发生了多次冰期。冰期时，巨大的冰川从玉龙山上远远地伸向山麓和山谷，从而留下了大量的冰川侵蚀地形与不同时期的各种冰川堆积物。玉龙雪山地质史上又

经受过丽江冰期和大理冰期的直接影响，古冰川遗迹甚多，在冰川学上有特殊意义。

玉龙雪山主峰扇子陡，在一马平川的丽江坝子北端拔地而起，山脊呈扇面展开，像一尊身着银盔玉甲、容貌英武刚强的勇士昂首云天。它与丽江古城仅隔15千米，高差却达3200米。山上万年冰封，山腰森林密布，山下四季如春，构成世界上稀有的景观。由于主峰山势陡峻，雄伟异常，迄今仍是无人登顶的"处女峰"。在扇子陡海拔4500米以上的山间，分布着19条冰川，还有冰塔林和"绿雪奇观"。冰川类型为悬崖冰川和冰斗冰川。冰斗之间的角峰和梳状刃脊，似一把把利剑插向云端，这些由玄武岩组成的高峰，被切蚀成巨大的金字塔状，无比雄壮。

主峰扇子陡

玉龙雪山东麓，从南到北依次分布着干海子、云杉坪、牦牛坪等高山草甸，因海拔差异，加上周围森林花卉的映衬，形成了多姿多彩的牧场风光。干海子长4000米左右，宽约1500米，海拔2900米。干海子原为高山冰蚀湖泊，后来积水减少以至干涸，于是人称"干海子"。这里空间开阔，松林密布，草地如茵，是观赏玉龙雪山主峰的最佳位置。这里还残存大片冰碛石，为研究古代海洋沉积提供了便利条件。云杉坪是玉龙雪山东面的一块林间草地，约500平方千米，海拔3000米左右。云杉坪郁郁葱葱。在其周围的密林中，树木参天，枯枝倒挂，长满青苔。

玉龙雪山东麓每当冰雪消融，一股股水流便沿崖壁飞泻，像一匹匹白练飘落山涧。由于河床底石呈黑白两色，形成"白水"、"黑水"两条激流，穿林而过，轰然有声。白水河在干海子至云杉坪之间，因河床、台地都由沉积岩类的石灰碎石块组成，呈灰白色，清泉从石上流过，亦呈白色，于是人称"白水河"。它与北边相距4000米的黑水河走向大体一致，但地质构造却迥然不同。黑水河的河床多属岩浆岩类的玄武岩，呈青黑色。两河长流清泉，是现代冰川的融化潜流形成的。河谷两岸，植被繁茂，在雪山的映衬下更加苍翠秀美。

玉龙雪山从山脚河谷到峰顶具有中亚热带、温带至寒带的垂直带自然景观。尤其东坡地势相对平缓，植物带状分布特别明显：海拔2400～2900米为半湿润常绿阔叶林、云南松林带；海拔2700～3200米为铁杉针阔叶混交林；海拔3100～4200米为亚高山寒温性针叶林带，云杉、红杉、冷杉分带明显；海拔3700～4300米为高山杜鹃灌木丛草甸带；海拔4300～5000米为高山荒漠植物带，在石缝中零星生长着雪莲花、绿绒蒿等植物；海拔5000米以上为无植物生长的山顶现代冰川积雪带。这种完整的山地垂直

丽江铁杉

带系列是一般地区所不具备的，在科学研究上具有重要价值。

在玉龙雪山的原始森林群落中，有丽江铁杉、长苞冷杉、云南榧木、红

豆杉等20余种国家保护的珍稀濒危植物。林中拥有杜鹃花50多种、报春花60多种、兰花70多种，是云南省著名的园艺类观赏植物的主要产地。山中还有天麻、乌头、虫草、贝母、三尖杉等800多种药材；有滇金丝猴、云豹、藏马鸡等59种珍稀动物；蝴蝶种类珍奇繁多，既有古北区和东洋区的蝴蝶资源，也有高山珍奇蝶类。

中生代

　　中生代是非常重要的地质时代名词，距今约2.5亿年～6500万年，是显生宙的第二个代，晚于古生代，早于新生代。中生代时，爬行动物空前繁盛，故有爬行动物时代之称。中生代时出现了鸟类和哺乳类动物。海生无脊椎动物以菊石类繁盛为特征，故也称菊石时代。中生代植物以真蕨类和裸子植物最繁盛，到中生代末，被子植物取代了裸子植物而居重要地位。

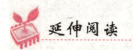

玉龙雪山的传说

　　在我国纳西族民间流传着一个关于玉龙雪山的传说：玉龙和哈巴是一对相依为命的孪生兄弟，他们在金沙江淘金度日。一天，突然从北方来了一个凶恶的魔王，魔王霸占了金沙江，不准人们淘金。玉龙、哈巴兄弟俩挥动宝剑与魔王拼杀，哈巴弟弟力气不支，被恶魔砍断了头，哥哥玉龙则与魔王大战了三天三夜，一连砍坏了13把宝剑，终于把魔王赶走了。从此，弟弟哈巴变成了无头的哈巴雪山，而哥哥玉龙为了防止恶魔再次侵扰，日夜高举着13把宝剑，后来这13把宝剑变成了13座雪峰，而他的汗水化为了黑水、白水。

另一则传说是：金沙江、怒江、澜沧江和玉龙山、哈巴山原是五兄妹。三姐妹长大了，相约外出择婿，父母又急又气，命玉龙、哈巴去追赶。玉龙带13柄剑，哈巴挎12张弓，抄小路来到丽江，面对面坐着轮流守候，并约下法章；谁放过三姐妹，要被砍头。轮到哈巴看守时，玉龙刚睡着，金沙江姑娘就来了。她见两个哥哥挡住去路，便唱起了婉转动人的歌，唱得哈巴神魂迷醉，渐渐睡着了。她边唱边走，一连唱了18支，终于从两个哥哥的身边穿过去，一出关口，便高兴得大声欢笑着奔跑而去。玉龙醒来见这情景，又气又悲，气的是金沙姑娘已经走远，悲的是哈巴兄弟要被砍头。他不能违反约法，慢慢抽出长剑砍下还在熟睡中的哈巴的头，随即转过背痛哭，两股泪水化成了白水和黑水，哈巴的12张弓变成了虎跳峡两岸的24道弯，哈巴的头落到江中变成了虎跳石。

梅里雪山

梅里雪山位于云南省德钦县东10千米处，这里平均海拔在6000米以上的山峰就有13座，最高的是卡瓦格博峰，海拔6740米，为云南省的第一高峰。卡瓦格博峰藏语为"雪山之神"，是藏传佛教的朝觐圣地，传说是宁玛派分支伽居巴的保护神，位居藏区的八大神山之首。所以每年的秋末冬初，西藏、青海、四川、甘肃的大批香客不惜千里迢迢赶来朝拜，匍匐登山的场面令人叹为观止。

梅里雪山

梅里雪山属于横断山

脉，位于云南迪庆藏族自治州德钦县和西藏察隅县交界处，距离昆明849千米。梅里雪山属于怒山山脉中段，处于世界闻名的金沙江、澜沧江、怒江"三江并流"地区，它逶迤北来，连绵13峰，座座晶莹，峰峰壮丽。在这一地区有强烈的上升气流与南下的大陆冷空气相遇，变化成浓雾和大雪，并由此形成世界上罕见的低纬度、高海拔、季风性海洋性现代冰川。雨季时，冰川向山下延伸，冰舌直探2600米处的森林；旱季时，冰川消融强烈，又缩回到4000米以上的山腰。由于降水量大、温度高，就使得该地冰川的运动速度远远超过一般海洋性冰川。剧烈的冰川运动，更加剧了对山体的切割，造就了令所有登山家闻之色变的悬冰川、暗冰缝、冰崩和雪崩。

由于垂直气候明显，梅里雪山的气候变幻无常，雪雨阴晴全在瞬息之间。梅里雪山既有高原的壮丽，又有江南的秀美。蓝天之下，洁白雄壮的雪山和湛蓝柔美的湖泊，莽莽苍苍的林海和广袤无垠的草原，无论在感觉上和色彩上，都给人带来强烈的冲击。

这里植被茂密，物种丰富。在植被区划上，属于青藏高原高寒植被类型，在有限的区域内，呈现出多个由热带向北寒带过渡的植物分布带谱。海拔2000~4000米左右，主要是由各种云杉林构成的森林，森林的旁边，有着延绵的高山草甸。夏季的草甸上，无数叫不出名的野花和满山的杜鹃、格桑花争奇斗艳，竞相怒放，犹如一块被打翻了的调色板，在由森林、草原构成的巨大绿色地毯上，留下大片的姹紫嫣红。

从德钦县沿滇藏公路北上，东行至10千米处的飞来寺，但见澜沧江对岸数百里冰峰接踵，雪峦绵亘，势如刀劈錾斫，气势非凡。这便是闻名遐迩的云南第一峰——卡瓦格博峰。

卡瓦格博峰是藏传佛教的朝拜圣地，位居藏区八大神山之首，故在当地有"巴何洛登地"的称号。卡瓦格博，藏语意为"白似雪山"之意，俗称"雪山之神"。传说是9头18臂的煞神，后被莲花生教化，受居士戒、改邪归正，从此皈依佛门，做了千佛之子格萨尔王麾下一员剽悍的神将，从此统领边地，福荫雪域。卡瓦格博的像常被供奉在神坛之上，他身骑白马，手持长剑，雄姿英发，这与雪山之神的高峻挺拔、英武粗犷的外貌特征是极其相似的。在西藏地区甚至有这样的传说：如果今生有幸登上布达拉宫便可在东南方向的五彩云层中看到卡瓦格博的身影。

梅里雪山诸多海拔在6000米以上，终年积雪的雪峰下蜿蜒着一条条冰川，其中最壮观的冰川是明永恰冰川。这条冰川是因它之下的村寨名而得名的。明永恰冰川下有村名叫"明永"，意为火盆的村寨，因该村处于热河谷地带，气候较为温暖，故名。"恰"在藏语中

卡瓦格博峰

指冰川，明永恰，即明永冰川。还有一种解释，"明永"意为明镜，传说明永恰冰川是卡瓦格博这位护法将军的护心镜。

明永恰冰川

明永恰冰川从海拔6740米的卡瓦格博峰一直铺展到海拔2660米的森林中，绵延12千米，平均宽度为500米，总面积约为6平方千米，年融水量2.3亿立方米。冰川冬季下延，夏季退缩，延伸幅度大，消长的速度快，是世界上稀有的低海拔冰川。

登临冰川，你会感到景致光怪陆离，看到的有飞架的冰桥以及冰洞的碧绿晶莹，纤细的冰芽、冰笋，千姿百态的冰的世界令人感到趣味无穷。

DIQIU GHUANGZAO DE QIYI ZIRAN FENGGUANG

冰舌

冰舌是指山岳冰川离开粒雪盆后的冰体部分，呈舌状，所以命名为冰舌。冰舌区是冰川作用最活跃的一段，表面常有冰面流水，冰裂隙，冰内还能形成冰洞、冰钟乳、冰下河，其前端常因冰雪补给和消融对比的变化而变化。冰舌的长度、宽度大小差异很大，由冰川形成和发展的条件决定。

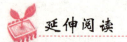

雪山山峰传说

卡瓦格博峰，俗称"雪山之神"。传说原是9头18臂的煞神，后被莲花生大师教化，皈依佛门，做了一员神将，从此统领边地，福荫雪域。卡瓦格博和周围的诸峰，虽称"13峰"，但语意是取"13"这个藏语里的吉祥数，其实不是准确的13个雪峰，而是较多山峰的统称。诸峰中较有名的有面茨姆峰、吉娃仁安峰、布迥松阶吾学峰、玛兵扎拉旺堆峰、粗归腊卡峰、说拉赞归面布峰。其中线条优美的面茨姆峰，意为大海神女，位于卡瓦格博峰南侧。传说中，此峰为卡瓦格博峰之妻。卡瓦格博随格萨尔王远征恶罗海国，恶罗海国想蒙蔽他们，将面茨姆假意许配给卡瓦格博，不料卡瓦格博与面茨姆互相倾心，永不分离。又有人传说面茨姆为玉龙雪山之女，虽为卡瓦格博之妻，却心念家乡，面向家乡。雪峰总有云雾缭绕，人们称其为面茨姆含羞而罩的面纱。意为"五佛之冠"的吉娃仁安峰，是并列排立的五个扁平而尖削的山峰，位于面茨姆峰北侧，海拔5770.5米。而传说为卡瓦格博和面茨姆所生的儿子的布迥松阶吾学峰，则位于五佛冠峰与卡瓦格博峰之间。卡瓦格博东北方向的守护神就指玛兵扎拉旺堆峰，又称"无敌降魔战神"（将军峰）。粗归腊卡意为圆湖上方的山峰，位于斯恰冰川的冰斗上方。

蓝 山

DIQIU GHUANGZAO DE QIYI ZIRAN FENGGUANG

蓝山位于悉尼以西65千米处，是澳大利亚南部新南威尔士州一处著名的旅游胜地。蓝山其实是一系列高原和山脉的总称。蓝山卡通巴附近，怪石林立，有三姐妹峰、吉诺兰岩洞、温特沃思瀑布、鸟啄石等天然名胜。

蓝山山脉国家公园占地近2000平方千米，以格罗斯河谷为中心，峰峦陡峭，涧谷深邃。山上生长着各种桉树，满目翠蓝。入秋，叶间丹黄，景色更美。桉树为常绿乔木，树干挺拔，木质坚硬，含有油质，可提取挥发油。其挥发的气体在空气中经阳光折射呈现蓝光，因而得名蓝山。

蓝山山区是由三叠纪块状坚固砂岩积累而成的，怪石嵯峨，曾是当时欧洲移民向西推进的障碍。1813年欧洲人布拉斯兰·劳森历经艰险跨越山区达到内地，入山处当时植有纪念树，至今残干尚存，是拓荒者的遗迹之一。这里气候宜人，曲径迤逦。蓝山城是旅游中心，这里有供游人观光用的高空索道和深入峡谷的电缆车，游人在车内可慢慢欣赏四周的悬崖峭壁、瀑布和深谷。此地亦是早期流放囚徒的场所，1831年由囚徒修建的哈特利法院遗址尚

蓝 山

蓝山三姐妹峰

存，内有当年警察的徽章、通缉犯人的公告、刑椅、绞架以及牢房等。

三姐妹峰耸立于山城卡通巴附近的贾米森峡谷之畔，距悉尼约 100 千米，峰高 450 米。三块巨石拔地如笋，俊秀挺拔，如少女并肩玉立，故名三姐妹峰。传说三姐妹峰险不可攀，1958 年建的高空索道，是南半球最早建立的载客索道。

蓝山山脉的温特沃思瀑布从一个悬崖上飞泻而下，落入 300 米深的贾米森谷底。从观瀑台上看过去，大瀑布像白练垂空，银花四溅，欢腾飞跃，气势磅礴。从观瀑台上回首西望，高原和山峰在云雾中时隐时现，虚无缥缈，景象奇特。

蓝山山区的吉诺兰岩洞经亿万年地下水流冲刷、侵蚀而形成，雄伟绮丽，深邃莫测。洞中有洞，主要有王

吉诺兰岩洞内石柱

洞、东洞、河洞、鲁卡斯洞、吉里洞、丝巾洞及骷髅洞。1838 年由欧洲人发现，约在 1867 年被新南威尔士州政府列为"保护区"。洞内钟乳石、石笋、石幔在灯光的照射下闪烁耀眼，光怪陆离。王洞中的钟乳石又长又尖，向下伸展，与石笋相接。河洞中的巨大钟乳石形成"擎天一柱"，气势非凡；石笋巍峨似伊斯兰教寺院的尖塔，庄严肃穆。鲁卡斯洞的折断支柱，鬼斧神工，均为大自然奇观。

 知识点

钟乳石

钟乳石又称石钟乳，是指碳酸盐岩地区洞穴内在漫长地质历史中和特定地质条件下形成的石钟乳、石笋、石柱等不同形态碳酸钙沉淀物的总称。

钟乳石的形成往往需要上万年或几十万年时间。由于形成时间漫长，钟乳石对远古地质考察有着重要的研究价值。广西、云南是我国钟乳石资源最丰富的省区，所产的钟乳石光泽剔透、形状奇特，具有很高的欣赏和研究价值。

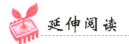 延伸阅读

三姐妹峰传说

三姐妹峰是蓝山的奇景之一，它们是并排屹立在高出云雾的山崖之上的三块巨石。三姐妹峰酷似三位亭亭玉立的少女，它们相貌端庄，神情俏丽，栩栩如生。相传三姐妹峰是巫医的三个美丽女儿的化身。为防歹徒加害，她们的父亲用魔骨将她们点化为岩石。后来她们的父亲巫医在与对手的搏斗中，丢失了魔骨，无法使她们重新变回人身，三姐妹就变成了这三块巨石屹立在

DIQIU GHUANGZAO DE QIYI ZIRAN FENGGUANG

天地之间。现在峰下常见琴鸟飞翔，传说这是巫医的化身，仍在寻找魔骨，以期复原女儿的真身。现在这三座三姐妹岩石分别高 922 米、918 米和 906 米。

富士山

富士山是日本第一高峰，是世界上最大的活火山之一。位于本州岛中南部，东距东京约 80 千米。富士山海拔 3776 米，山底周长 125 千米，山体呈圆锥状，山顶终年积雪。

富士山

富士山山体呈优美的圆锥形，闻名于世，是日本的神圣象征。由于山人合一的意识存在，每年夏季，数以千计的日本人登至山顶神社朝拜。

富士山的山名来自日本少数民族阿伊努族的语言，意思是"火之山"或"火神"。现在，富士山被日本人民誉为"圣岳"，是日本民族引以为傲的象征。富士山山体高耸入云，山巅白雪皑皑，放眼望去，好似一把悬空倒挂的扇子，因此有人用"玉扇倒悬东海天"、"富士白雪映朝阳"的诗来赞美它。

富士山作为日本的象征之一，在全球享有盛誉。它也经常被称作"芙蓉峰"或"富岳"。

富士山是日本第一圣山，是富士山脉的主峰，呈圆锥形，山麓则为优美的裙摆下垂弧度，正好位于骏河湾至系鱼川之间的大地沟地带上，比中国的玉山略低，但却正如她"不二的高岭"别称一样，拥有傲视日本第一的高度及完美无瑕、端庄秀丽。

作为日本自然美景最重要的象征，富士山是距今约一万年前，过去曾为岛屿的伊豆半岛，由于地壳变动而与本州岛激烈互撞挤压时所隆起形成的山脉，是一座有史以来曾记载过十几次喷发记录的休眠火山。

山顶为直径约 800 米、深度 200 米的火山口，空中鸟瞰则有如一朵灿开的莲花般美丽。

由于火山口的喷发，富士山在山麓处形成了无数山洞，有的山洞至今仍有喷气现象。最美的富岳风穴内的洞壁上结满钟乳石似的冰柱，终年不化，被视为罕见的奇观。天气晴朗时，在山顶看日出；观云海是世界各国游客来日本必不可少的游览项目。

富士山下湖泊

DIQIU CHUANGZAO DE QIYI ZIRAN FENGGUANG

富士山的北麓有富士五湖。从东向西分别为山中湖、河口湖、西湖、精进湖和本栖湖。山中湖最大，面积为6.75平方千米。湖畔有许多运动设施，可以打网球、滑水、垂钓、露营和划船等。湖东南的忍野村，有涌池、镜池等8个池塘，总称"忍野八海"，与山中湖相通。河口湖是五湖中开发最早的，这里交通十分便利，已成为五湖观光的中心。河口湖中所映的富士山倒影，被称作富士山奇景之一。

知识点

活火山

　　活火山是指正在喷发和预期可能再次喷发的火山。那些休眠火山，即使是活的但不是现在就要喷发，而在将来可能再次喷发的火山也可称为活火山。那些其最后一次喷发距今已很久远，并被证明在可预见的将来不会发生喷发的火山，称为熄灭的火山或死火山。一般来说，只有活火山才会发生喷发。

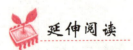

延伸阅读

富士山的传说

　　从前，有一个叫笃郎的老人靠编竹篮为生。一天，笃郎和往常一样，从竹林里砍回一捆竹子，正当他坐下来准备休息时，突然听见一个细柔的声音："你好呀！"笃郎随口回答了一句"你好"，就站起身来，前后左右张望了一番，可是连一个人影也没有。过了一会儿，细柔的声音又响了："你好呀！"笃郎向周围打量一下，还是没见到一个人影，他再往竹管里一瞧，原来在竹管里有一个小不点儿的女孩。他把小女孩倒出来，放在手掌上，问小女孩："你是从哪里冒出来的呀？为什么只这么一丁点儿呢？"小女孩回答道："我是月宫里诞生的，那儿的女孩子都是这么小。昨天夜里，我到月宫旁边幽静的小路上玩。那里风景非常美，我一时给迷住了，走着走着，不小心摔了跤，就掉到你们地面上来了。恰好掉进竹管里，要不然……""那么，我该怎么办呢？"笃郎自言自语地说。"把我收作女儿吧！"小女孩说，"我能帮你编竹篮，帮你烧火做饭，帮你栽花种菜，帮你洗衣衫。"老人和善地说："好呀，从今天开始，你就是我的小女儿，你的名字就叫山竹子吧！"山竹子留了下来，她长得很快，没过多久就长成一个漂亮的大姑娘。离老人家住处不远，有一个年轻的铁匠，年轻的铁匠看见了山竹子，立刻就爱上了她，山竹子也喜欢铁匠，她对铁匠说："你是一个心灵手巧勤劳诚实的人，让我们在一起生活吧！"她的话刚说完，明亮的太阳消失了，在漆黑的天空里，升起一轮阴森森的月亮。山竹子惊骇地说："我知道了，这是月神发怒了，她不准我和地面上的人相爱，命令我立即返回月宫。"年轻的铁匠守卫在山竹子门口。可是神通广大的月神把阴森森的银光照到铁匠身上，铁匠立即睡着了。深夜，月神派人来接山竹子，山竹子倔强他说："我不回月宫，我要留在地面上，和铁匠在一起，决不分离。"月神派的人拿出一个精美的盒子，狡猾他说："月神答应让你们结婚了，你看，这是月神送的贺礼。"他们把盒子打开，里面有一件银光闪闪的衣裳，比皇后的盛装还漂亮。哪知道，这不是一件普通的衣裳，而是一件魔衣。谁穿上它，就立即会忘却往事。只有太阳的光芒才能解除它的魔力。山竹子一穿上魔衣，就忘记了她在地面上的一切，她和月神派的人坐在云朵上，向广阔的天空飞升。就在这一瞬间，铁匠醒来了，他拿着铁锤，紧追在云朵后面，追着追着，那朵云停在一座高山的峰顶，铁匠快步登上山顶。但是，那朵云又飞快地飞向月宫。铁匠无可奈何，悲痛欲绝，绝望地用铁锤猛击山头，发泄心头的愤怒。山头裂开了，从裂缝里喷出冲天的火焰，直向云彩烧去。云彩被火烧着了，月神的喽啰们全被烧死了，只有山竹子平安无事，魔衣保护着她。穿着魔衣的山竹子生气地推开铁匠，说："快滚开，你拉着我想干什么？"铁匠心灰意冷，满怀痛苦跳进山头的裂缝里去了。就在这一刹那，太阳升起来了，它金色的光芒照射着山竹子穿的魔衣，魔衣的力量消失了，山竹子立刻想起了一切，她悲痛地惨叫一声："心爱的铁匠，等着我，我要和你一起去！"她也跳进山头的裂缝里去了。自山竹子和铁匠从地面上消失以后，已经过去了万万年。可是，人们却还记得他们。许多人都说，山竹子和铁匠并没有死，他们避开了月神，还幸福地生活在地下宫殿里。当他们生火做饭的时候，山头的裂缝里就喷出一股火焰，升起袅袅的炊烟。从此以后，人们就把这座大山叫做富士山，意思就是"不死的山"。

水 域 篇

　　水是地球的主体，约占地球的73％，地球的大部分被水覆盖着，陆地只占很小一部分，难怪地球被称为水球。水体在地球上的形式不一，有河流、湖泊、泉水、瀑布等存在形式。这些水体构成了一个完整的水循环系统。

　　正由于地球上的水的存在形式多种多样，地球上的水所展现出的美才是多姿多彩的：河流的奔腾不息，湖泊的晶莹透澈，瀑布的飞流直下……这些无不给人以视觉上的冲击和心灵上的震撼。

贝加尔湖

　　俄罗斯著名的短篇小说家契诃夫曾经这样描绘贝加尔湖的景色："贝加尔湖异常美丽。难怪西伯利亚人不称它为湖，而称之为海。湖水清澈透明，视线透过水面像透过空气一样，水下的一切都历历在目。温柔碧绿的水色令人赏心悦目。岸上群山连绵，森林覆盖。"由于贝加尔湖的湖水经常呈现出令人心醉的绿色，因此它有一个十分好听的名字，那就是西伯利亚的"绿

贝加尔湖

眼睛"。

贝加尔湖是一个著名的淡水湖，它位于俄罗斯的东西伯利亚南部，在古代中国那里被称为"北海"，也就是那位忠贞于国家的汉代使者苏武被流放的地方。贝加尔湖长 636 千米，平均宽度则有 48 千米，整个湖面的面积达到了 31 500 平方千米，是世界上水容积最大的淡水湖之一。不仅在面积上，在蓄水量上贝加尔湖也堪称世界之最。据测算，贝加尔湖的总蓄水量有 23 600 立方千米，比整个波罗的海的含水量还要多，大概相当于北美五大湖蓄水量的总和，约占地表不冻淡水资源总量的 1/5。

贝加尔湖拥有如此大的含水量不是偶然的，在它的周围有许许多多条河流，源源不断地向湖中输送淡水。据统计，往贝加尔湖中注水的大大小小的河流共有 336 条，而从湖中流走的却只有安加拉河一条，再加上那里年平均温度不高，湖水的蒸发量很少，这自然就使得贝加尔湖成为蓄水量一直都居高不下的淡水湖。

贝加尔湖最吸引人的当然要属它的美貌。有人曾经打比方说，贝加尔湖是"西伯利亚的美男子"，事实上也的确如此。到那里去旅游的人都会被贝加尔湖的美景深深迷住。由于它远离尘嚣，受到的污染极少，这使得它的湖水尤为清澈明亮，透明度很强。站在湖边，就能像契诃夫说的那样，透过水面十分清晰地看到水底。在群山环抱中的贝加尔湖就如同一面绿色的镜子，精致地镶嵌在西伯利亚平原上。由于面积巨大，因此贝加尔湖拥有好几个美丽的湖湾。例如，湖的东岸就有犹如明珠般璀璨夺目的奇维尔奎湾。现在，这些地方都成了游人们争相前往的度假胜地。

贝加尔湖不仅有迷人的景色，还有着动人的传说。到贝加尔湖去旅游的

谢曼斯基圆石

人，都会在湖口处见到一个叫谢曼斯基的巨大圆石，这个圆石正好位于湖的中央，离两岸正好各 500 米的距离，它是对爱情忠贞不移的象征。

淡 水 湖

　　淡水湖是指以淡水形式积存在地表上的湖泊，有封闭式和开放式两种。封闭式的淡水湖大多位于高山或内陆区域，没有明显的河川流入和流出。开放式的则可能相当大，湖中有岛屿，并有多条河川流入、流出。按湖水矿化度分类，可分为淡水湖、微咸水湖、咸水湖及盐水湖四类。淡水湖矿化度小于 1 克/升；微咸水湖矿化度在 1～24 克/升之间；咸水湖矿化度在 24～35 克/升之间；盐水湖矿化度大于 35 克/升。外流湖大多为淡水湖，内陆湖则多为咸水湖、盐水湖。我国有七大淡水湖：鄱阳湖、洞庭湖、太湖、洪泽湖、微山湖、巢湖、洪湖，主要分布在长江中下游平原、淮河下游和山东南部。

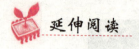
延伸阅读

贝加尔湖的传说

贝加尔湖在湖水向北流入安加拉河的出口处有一块巨大的圆石，人称"圣石"。当涨水时，圆石宛若滚动之状。相传很久以前，湖边居住着一位名叫贝加尔的勇士，他有一个美貌的独生女安加拉。贝加尔对女儿十分疼爱，又管束极严。有一日，飞来的海鸥告诉安加拉，有位名叫叶尼塞的青年非常勤劳勇敢，安加拉的爱慕之心油然而生，但贝加尔不允许女儿与叶尼塞来往，安加拉只好趁父亲熟睡时悄悄出走。贝加尔猛醒后，追之不及，便投下巨石，以为能挡住女儿的去路，可女儿已经远远离去，投入了叶尼塞的怀抱。这块巨石从此就屹立在湖的中间。

黄果树瀑布

黄果树瀑布是中国最大的瀑布，也是世界最壮观的大瀑布之一。它位于贵阳以西160千米的白水河上。黄果树瀑布落差74米，宽81米，河水从断崖顶端凌空飞流而下，倾入崖下的犀牛潭中，势如翻江倒海。瀑布水石相激，发出震天巨响，腾起一片水雾。迷蒙的细雾在阳光的照射下，又化作一道道彩虹，幻影绰绰，奇妙无穷。

黄果树瀑布群是以著名的黄果树瀑布为中心的一个瀑布群体，由姿态各异的十几个地面瀑布和地下瀑布组成。瀑布群集中分布在约450平方千米区域内的贵州北盘江支流打邦河、白水河、灞陵河和王二河上。

黄果树瀑布群形成于典型的亚热带岩溶地区，统称"岩溶瀑布"。科学工作者经过考察把它们分为两种类型，即以黄果树大瀑布为代表的河流袭夺型瀑布和以关脚峡瀑布为代表的断裂切割型瀑布。黄果树瀑布群被称为"岩溶瀑布博物馆"。

黄果树瀑布群由于分布在岩溶洞穴、明河暗湖中，构成"瀑布成群、洞

黄果树瀑布

穴成串、星潭棋布、奇峰汇聚"的世界罕见自然景观。黄果树瀑布群按地理位置和河流体系可划分为五大片区，即黄果树中心区、灞陵河区、天星桥区、关脚峡区和龙潭暗湖区。滴水滩瀑布位于灞陵河上游，距黄果树瀑布以西1000米。它是灞陵河上的一个支流突然坠落而成，由7级组成，总高达410米；最后一级为高滩瀑布，宽63米，高达130米，是瀑布群内最高的瀑布。雪白的瀑布飞流直下如一匹白练，与两旁黛青色山岩上的苔藓相互映衬，别具风格。天星桥瀑布区位于黄果树大瀑布下游6000米处，这里是石、树、水的美妙结合。

　　黄果树瀑布中心区位于贵州省镇宁、关岭两县境内北盘江支流、打帮河上游的白水河和灞陵河上。白水河自70多米高的悬崖绝壁上飞流直泻犀牛潭中，发出震天巨响，10里之外即闻其声，如千人击鼓，万马奔腾，使人惊心动魄。数百年前明代著名地理学家徐霞客游至黄果树瀑布时曾这样描述：水自"溪上石漫顶而下"，"万练飞空"，"揭珠崩玉，飞沫反涌，如烟雾腾空，势甚雄厉，所谓珠帘钩不卷，匹练挂遥峰，具不足拟其状也"。黄果树瀑布的水，随季节变换出种种迷人奇观。

　　冬春季节水小时，瀑布铺展在整个崖壁上，不失其"阔而大"的气势，人们赞美它如银丝飘洒，豪放不失秀美；秋、夏水大时，如银河倾泻，奔腾浩荡，势不可当，瀑布激起的水雾，飞溅100多米高，飘洒在黄果树街上，又有"银雨洒金街"的美称。

在正面看黄果树瀑布，景色壮丽，而在瀑布背后的洞穴里观瀑，却又是另一番景象。人们早知道瀑布背后的山腰上有洞穴，并称之为水帘洞。全国很多地方都有水帘洞，但像黄果树这样的水帘洞却是绝无仅有的。水帘洞长达134米，内有6个洞窗、5个洞厅和3股洞泉。在水帘洞里看彩虹，给人一种奇妙的感觉，而且从每个洞窗看，各有不同的景象。只要是晴天，上午9点~11点之间，在瀑布前一般都能看到彩虹，有时还可以看到"双彩虹"，前面一道长，后面一道短；前面一道色彩浓，后面一道色彩淡。黄果树这个地区除瀑布以外，还有许多奇特的洞穴。这些洞穴中堆积了千姿百态的滴石、边石，构成了一个奇妙的洞穴世界。

黄果树瀑布正面

亚 热 带

亚热带又称副热带，是地球上的一种气候地带。一般亚热带位于温带靠近热带的地区，（大致 23.5°N～40°N、23.5°S～40°S 附近）。亚热带的气候特点是其夏季与热带相似，但冬季明显比热带冷。最冷月均温度在 0 摄氏度以上。

世界上的亚热带分为四种类型：

1. 大陆西岸型，即地中海型，夏季炎热干燥，冬季温和多雨，被视为典型的亚热带。

2. 大陆东岸型，即季风型，夏季湿热，冬季干冷。

3. 内陆型，即干旱草原与荒漠型，雨量稀少，全年干燥，温差较大。

4. 山地型，指基底部分为亚热带的山地，垂直地带性是山地型亚热带的主要特征。其中，内陆型和山地型属于亚热带的过渡型。

延伸阅读

黄果树瀑布的成因

黄果树瀑布的成因有几种说法，有人认为它是喀斯特瀑布的典型，是由河床断陷而成的，而有人则认为是喀斯特侵蚀断裂——落水洞式形成的。最新研究表明，黄果树瀑布前的箱型峡谷，原为一落水溶洞，后来随着洞穴的发育，水流的侵蚀，使洞顶坍落，而形成瀑布。因此是由落水洞坍塌形成了黄果树瀑布。

尼亚加拉大瀑布

尼亚加拉瀑布是世界知名的三大瀑布之一。"尼亚加拉"在印第安语中意为"雷神之水"。印第安人认为瀑布的轰鸣就是雷神说话的声音，因为瀑布巨大的水流以银河倾倒、万马奔腾之势直捣河谷，咆哮呼啸，如阵阵闷雷，声及数里之外。尼亚加拉河左濒加拿大，右接美国，从伊利湖蜿蜒流向安大略湖，全长 57.6 千米。上游地势平坦，水流缓慢，及至中游，河面陡落 48 米，河水在此垂直下泻，形成巨瀑，这就是著名的天下奇观——尼亚加拉瀑布。

尼亚加拉瀑布

尼亚加拉瀑布宽 1240 米，平均落差 55 米，最大流量达每秒 6700 立方米，将近黄河水量的 3 倍。伊利湖水流入比它低 100 多米的安大略湖，途经地表石灰岩断层形成巨大的落差，造就了尼亚加拉瀑布奇观。据科学家考证，尼亚加拉瀑布已经有 1 万多年的历史。参观尼亚加拉瀑布最好的时间是每年 7~9 月，因为这时的水量最大。伊利湖水经过河床绝壁上的山羊岛，被分隔成两部分，分别流入美国和加拿大，形成大小两个瀑布。小瀑布称为"美国瀑布"，在美国境内，高达 55 米，瀑布的岸长达 328 米。大瀑布称为"加拿大瀑布"或"马蹄瀑布"，形状有如马蹄，在加拿大境内，高达 56 米，岸长 675 米。

小瀑布因其极为宽广细致，很像一层新娘的婚纱，故又称为"婚纱瀑布"。由于湖底是凹凸不平的岩石，因此水流呈漩涡状落下，与垂直而下的马蹄瀑布大不相同。这里也成为了情侣幽会和新婚夫妇度蜜月的胜地。

尼亚加拉马蹄瀑布

马蹄瀑布水量极大，水从 50 多米的高处直接落下，气势有如雷霆万钧，溅起的浪花和水汽，有时高达 100 多米，当阳光灿烂时，便会营造出一座美丽的七色彩虹。人稍微站得近些，便会被浪花溅得全身是水。若有大风吹过，水花可溅得更远，如同下雨一般。冬天，瀑布表面会结一层薄薄的冰。只有在这时，瀑布才会寂静下来。

尼亚加拉瀑布是一幅壮丽的立体画卷，从不同的角度观赏，会有不同的感受。正如西方著名文学家狄更斯用那充满哲理的语言所表达的："尼亚加拉瀑布优美华丽，深深刻在我的心田；铭记着，永不磨灭，永不迁移，直到她的脉搏停止跳动，永远，永远。"

在尼亚加拉大瀑布下面有一座同名博物馆。据说尼亚加拉大瀑布博物馆是北美最早的博物馆。1819 年美、加在此划定边界后，1828 年英国收藏家就在这里建立了这座博物馆。1998 年，该馆拍卖了其他藏品，只留下尼亚加拉大瀑布的有关文物和资料，展出规模也因此缩小了。博物馆的陈列向人们展示了 1.2 万多年前这个大瀑布形成的地质历史，以及对瀑布的开发和参观游览盛况。许多艺术照片真实地再现了 7000 立方米/秒的流量从千余米宽的崖岸上跌落下来的人间奇景。这个袖珍型的博物馆陈列可以说应有尽有。

> ### 流　量
>
> 　　流量是指单位时间内流经封闭管道或明渠有效截面的流体量，又称瞬时流量。当流体量以体积表示时称为体积流量；当流体量以质量表示时称为质量流量。流量用 Q 来表示，单位是每秒立方米。流量的测量方法，从水文站角度来讲，可分为浮标法、流速仪法、超声波法等，其中流速仪法测量精度最高。一般来说越是在下游，流量越大。

观赏尼亚加拉瀑布

　　尼亚加拉瀑布处有一"前景观望台"，巍峨耸立，高达 86 米，游客站在这里，便可将尼亚加拉大瀑布一览无余。如果想仰视大瀑布倾泻的景色，可以沿着山边崎岖小路，前往"风岩"，在"风岩"处，翘首仰望，便会看见大瀑布以铺天盖地的磅礴气势飞流直下，在此必须穿上雨衣，否则将被飞溅的水珠弄湿衣服。要看大瀑布正面全景，最理想的地方是站在彩虹桥上。桥跨瀑布下游的尼亚加拉河，在桥上步行 5 分钟，便可从美国走到加拿大。

维多利亚瀑布

　　维多利亚瀑布位于非洲南部赞比西河中游的巴托卡峡谷区，地跨赞比亚和津巴布韦两国。维多利亚瀑布是世界最大的瀑布。瀑布落差 108 米，宽约 1700 米，瀑布带所在的巴托卡峡谷绵延长达 130 千米，共有七道峡谷，蜿蜒曲折，成"之"字形，是罕见的天堑。在离瀑布 40～65 千米处，人们可看到升入 300 米高空如云般的水雾；在未见到瀑布前的远方，就能听到水的轰鸣声。当地称该瀑布为"莫西奥图尼亚"，意思是"雷鸣之烟"。

维多利亚瀑布

赞比亚的中部高原是一片 300 米厚的玄武熔岩；熔岩于两亿年前的火山活动中喷出，那时还没有赞比西河。熔岩冷却凝固，出现格状的裂缝，这些裂缝被松软的物质填满，形成一片大致平整的岩席。约在 50 多万年前，赞比西河流过高原，河水流进裂缝，冲刷裂缝的松软填料，形成深沟。河水不断涌入，激荡轰鸣，直至在较低的边缘处找到溢出口，注进一个峡谷。第一道瀑布就是这样形成的。这一过程并没有就此结束，在瀑布口下泻的河水逐渐把岩石边缘最脆弱的地方冲刷掉。河水不断地侵蚀断层，把河床向上游深切，形成与原来峡谷成斜角的新峡谷。河流一步步往后斜切，遇到另一条东西走向的裂缝，把里面的松软填料冲刷掉。整条河流沿着格状裂缝往后冲刷，在瀑布下游形成"之"字形峡谷网。

赞比西河接近瀑布时，河水在巴托卡峡谷突然折转向南，从悬崖边缘下泻，形成一条长长的白练，以无法想象的磅礴之势翻腾怒吼，飞泻至狭窄嶙峋的陡峭深谷中。整个瀑布被巴托卡峡谷上端水面的四个岛屿划分为五段。最西一段被称为魔鬼瀑布，此瀑布以排山倒海之势，直落深谷，轰鸣声震耳欲聋。该地段宽度只有 30 多米，水流湍急，即使旱季也不减其气势。与魔鬼瀑布相邻的是主瀑布，流量最大，高约93米，中间有一条缝隙。主瀑布东边是南玛卡布瓦岛，旧名利文斯敦岛。因当年英国传教士利文斯敦乘独木舟到达此岛而得名。而南玛卡布瓦岛东边的一段瀑布被称作"马蹄瀑布"。再往东去，是维多利亚大瀑布的最高段，在此段峡谷之间，水雾飞溅，经常会出现绚丽的七色彩虹，被称为"彩虹瀑布"。维多利亚大瀑布最东面的是"东瀑布"，它在旱季时往往是陡崖峭壁，雨季才挂满千万条素练般的瀑布。大瀑布的第一道峡谷东侧，有一条南北走向的峡谷，峡谷宽仅60多米。整个赞比西河的巨流就从这个峡谷中翻滚呼啸狂奔而出。峡谷的终点，被称作"沸腾锅"。这里的河水宛如沸腾的怒涛，在天然的"大锅"中翻滚咆哮，水沫腾空达300米高。

峡谷东部有处景观叫"刀尖角"，是突出于峡谷之中的三角形半岛，该地中途骤然收窄，直至成刀尖点。从刀尖角到对岸有30多米的间隔，在1969年建有一座宽2米的小铁桥用来沟通峡谷两岸。铁桥飞架在急流之上，名叫"刀刃桥"。这是一处令人心惊胆战的最佳观景点。漫天的巨涛从前面扑来，万丈巨崖都在抖动，不但壮丽，而且震撼人心。

居住在维多利亚瀑布附近的科鲁鲁族人，非常惧怕维多利亚瀑布，从不敢走近它。邻近的汤加族人则视瀑布为神物，把彩虹视为神的化身。他们每年都在东瀑布旁举行仪式，宰杀黑牛祭神。

知识点

玄武岩

玄武岩属基性火山岩。是地球洋壳和月球月海的最主要组成物质，也是地球陆壳和月球月陆的重要组成物质。

玄武岩的主要成份是二氧化硅、三氧化二铝、氧化铁、氧化钙、氧化镁，还有少量的氧化钾、氧化钠，其中二氧化硅含量最多，约占40%～50%。玄武岩的颜色，常见的多为黑色、黑褐色或暗绿色。因其质地致密，它的比重比一般花岗岩、石灰岩、砂岩、页岩都重。但也有的玄武岩由于气孔特别多，重量便减轻，甚至在水中可以浮起来。因此，把这种多孔体轻的玄武岩，叫做"浮石"。

延伸阅读

维多利亚瀑布的美丽传说

在很久以前，维多利亚瀑布的深潭下面，每天都会出现一群如花似玉的姑娘，她们会日夜不停地敲打着非洲特有的金鼓，当金鼓的咚咚声从水下传出时，瀑布就会传出震天的轰鸣声。不一会儿，姑娘们开始浮出水面，她们身穿的五彩衣裳在太阳的照射下，散发出金光反射到天空，人们就能在几十千米外看到美丽的彩虹。她们曼妙的舞姿搅动着池水，飞溅的水花形成漫天的云雾。

阿拉斯加冰河湾

阿拉斯加冰河湾国家公园位于美国阿拉斯加州和加拿大交界处，约占地330万公顷。那里地势险要，有无数的冰山、各类鲸鱼和因纽特人的皮划舟。最引人入胜的景观之一就是巨大海湾中活动着的冰河。

阿拉斯加冰河形成于4000年前的小冰河时期，数千年后冰河不断向前推进，在1750年时达到鼎盛后，冰河却开始融化后退。冰河湾中冰河的形成，用一句话概括就是因为积雪速度超过融雪速度所致。由于高山地区温度比平地低，每上升100米，温度便要降低0.6℃，当温度降至0℃时，足够的湿度及雨量使雪从天而降，雪线以下温度未达0℃，不会下雪；雪线以上的地区，温度为0℃以下。当冬天来临时，温度降低，雪线以上的高山地区快速积雪；而春天来临时，温度上升，积雪融化成水。当积雪还未完全融化的时候，冬天又来了，于是温度降低，水遇冷结成冰，并再次下雪，堆积在原先结的冰上。如此年复一年，当冰的厚度累积到某种程度时，因地心引力，便顺山势滑动，形成了冰河。

冰河湾中的冰河多呈现蓝色。原因是冰河长年累月摩擦河壁，造成大大小小的碎石块落入冰河。碎石被冰河夹带着带到了湖泊。大块的碎石沉淀形成三角洲，小块的碎石则散入湖区，最后只剩下最小的冰块浮在水中。分布在水中的冰块，可以折射光线中的蓝色和绿色光线。因此这些冰河就有了令人眩目的色彩。当冰河融化时，湖泊的色彩会因水中的冰块增加而更加光彩夺目。冰河的表层若是呈现出白色及灰色的色彩，是因为里面含有空气及杂质，影响了光线的折射。在冰河较深层的冰块，因冰河流动的推挤过程自然会将空气及杂质挤压出来，所以呈现蓝色的光泽。在天气晴好的时候，从近乎垂直的冰崖所崩裂下来的冰山，点缀在冰河湾上，会泛出晶莹的亮色。

阿拉斯加冰河湾

冰河湾包含 18 处冰河，其中泛太平洋冰河、马杰瑞冰河及其东侧冰河，都是其中非常奇伟的冰河。泛太平洋冰河位于整个冰河湾的最北缘，冰河前缘后 3.2 千米的范围，即进入加拿大的卑诗省的范围，泛太平洋冰河还是一处退却的冰河，1999年长度约为 40 千米，宽度约为 2300 米，高度约 100 米，是冰河湾国家公园最壮丽的冰河之一，目前泛太平洋冰河表面覆盖着大量由上游携来的泥沙，略显灰暗。

马杰瑞冰河是一个独立的到海冰河，1912 年由于泛太平洋冰河的退却而独立分开，长约 22.4 千米，宽约 1.6 千米，高 59～122 米。马杰瑞冰河有洁白的冰岩断面，十分壮丽，由于少了泥沙覆盖的保温，在夏季到来时，冰河会崩塌，隆隆的巨响击起冰河浪高三尺，引起河内及天上飞鸟一阵骚动，令人叹为观止。

瑞德冰河位于瑞德内湾。瑞德内湾为冰河湾国家公园进出泛太平洋冰河及马杰瑞冰河的通道，由于冰河的堆积与密度的不同，在切割的冰雕间，可以看到原来冰不是只有一种颜色，还有各式各样的蓝色，在迷蒙的雾中更添一分神秘的色彩。

马杰瑞冰河的冰雪墙在崩塌

缪尔冰川位于冰河湾内，是以科学家缪尔的名字命名的。狭长的冰川湾伸入内陆约 105 千米，边缘地带还有更多的小湾，这些小湾多是遽然而起的冰壁。自 1982 年以来，缪尔冰川后退速度很快。随着冰川的后退，植物很快代替冰川而覆盖了地表。

冰河湾沿海地区属于海洋性气候。夏季，融化的雪水在冰川底部咆哮，冲蚀出洞穴和沟渠，当不断融化的冰川薄得无法支撑时，便轰的一声坍塌下来。在最近的几个世纪里，冬季的降雪量不及夏季的冰雪消融量，于是冰川以每年 400 米的速度后退。冬季冰河湾气候温和湿润。整个地区年平均降水量约 1800 毫米，海边地带为 2870 毫米，内陆为 390 毫米。铁杉林和云杉林遍布在冰河湾沿岸，密密丛丛。

 知识点

海洋性气候

海洋性气候是一种气候类型，由于海洋的热容量比陆地大，在受来

自海洋的气流影响明显的地区，气温的年较差和日较差都较小，降水量也偏多，这种气候类型就是海洋性气候。与大陆性气候相比，海洋性气候不仅气温的年变化和日变化小，而且极值温度出现的时间也比大陆性气候地区出现得迟；降水量的季节分配也比较均匀，降水日数多，强度小；云雾频数多，湿度高。海洋性气候地区最暖月出现在8月，有的可延至9月；最冷月为2月，在高纬度地区可推迟到3月。

 延伸阅读

白头海雕

白头海雕又叫秃鹰、白头鹫，是世界珍禽之一。生活在北美洲的西北海岸线，常见于内陆江河和大湖附近，阿拉斯加的冰河湾也是它出没的地方之一。白头海雕的幼雕的羽毛是全白的，长大时褐色羽毛覆盖到只余下头部，所以从远处观看它们的头好像是秃的。

白头海雕性情凶猛，体长近1米，展翅宽约2米，它们的飞行能力很强，它们经常在半空中向一些较小的鸟发起攻击，夺取它们的食物。白头海雕也靠捕食鱼蚌为生，也能吃海边的大型鱼类的尸体。

察尔汗盐湖

在世界各种各样奇特的自然风景中，与沙漠、高山、森林等自然景观相比，没有比察尔汗盐湖来得更直观、更裸露，它位于中国青海省西部的柴达木盆地，像一颗硕大无比的玉石镶嵌在那片不毛之地，远远看上去，像雪似玉，然非雪非玉，圣洁、神奇、瑰丽异常。它是中国最大的盐湖，也是世界上最著名的内陆盐湖之一，距西宁750千米。青藏铁路穿行而过。湖中储藏着500亿吨以上的氯化钠，可供全世界的人食用1000年。盐湖东西长160多

千米，南北宽 20~40 千米，盐层厚约为 2~20 米，面积 5800 平方千米，海拔 2670 米。盐湖中还出产闻名于世的光卤石，光卤石晶莹透亮，十分可爱，并伴生着镁、锂、硼、碘等多种矿产，整个大盐湖堪称是大自然馈赠给中国人的无价之宝。作为世界自然奇观，察尔汗盐湖以独特的资源优势吸引着人们的眼球，盐，我们最熟悉的物质居然成为风景，这本身就是一个神秘的奇迹……

"察尔汗"是蒙古语，意为"盐泽"。盐湖地处戈壁瀚海，这里气候炎热干燥，日照时间长，水分蒸发量远远高于降水量。因长期风吹日晒，湖内便形成了高浓度的卤水，逐渐结晶成了盐粒，最后终于成了一个浩瀚的盐湖，自成一景。

察尔汗盐湖盐结晶

盐是察尔汗盐湖的建筑材料。盐湖的盐面板结成了厚厚的盐盖，异常坚硬。这层盐盖普遍厚达 1~2 米，有的厚达 3~4 米，而且坚硬得出奇，像混凝土一样结实。这种盐盖承载能力很大，汽车、火车可以在它上面奔跑，飞机可以在它上面起落，甚至可以在它上面建房屋、盖工厂。

盐湖诞生了幻景和奇花。盐湖周围地势平坦，荒漠无边，但风景奇特。整个湖面好像是一片刚刚耕耘过的沃土，又像是一层层鱼鳞。土地上无绿草，湖水中无游鱼，天空上无飞鸟，一片寂静。风和日丽时，浩瀚的湖面如同一个巨大的宝镜，放射出银色的光芒，热气腾腾，波光闪烁，好像是碧波万顷的海洋。有时候，观光的人还能看到变幻莫测的"海市蜃楼"，令人神情恍惚。湖中的盐花，晶莹透明，千姿百态，有的像珊瑚、宝塔、花朵，有的像星星、象牙、宝石，令人爱不释手，赞叹不已，被誉为"蓝色的花"。置身在这样的神奇的花丛中，使人遐想无边，仿佛在仙境中漫游。

湖中还出产被誉为"盐湖之王"的珍珠盐。这种盐，颗颗纯白如雪，粒粒莹洁如玉。玻璃盐又称为水晶盐，多呈方块状，透明如同玻璃一样，刚出土的玻璃盐呈黄、橙、蓝、粉红、乳等绚丽的颜色。

 知识点

盆 地

盆地是指四周被山岭、高原环绕，中间为平原或丘陵的盆状地形。可简略地将盆地分为大陆盆地和海洋盆地两大类型，大陆盆地简称陆盆，海洋盆地简称海盆或洋盆。按其成因，又可把大陆盆地划分为两种类型：一种是构造盆地，是指地壳构造运动形成的盆地。另一种是侵蚀盆地，是指由冰川、流水、风和岩溶侵蚀形成的盆地。地球上最大的盆地在东非大陆中部，叫刚果盆地或扎伊尔盆地。我国有四大盆地，其中塔里木盆地是我国最大的内陆盆地。

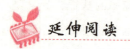 延伸阅读

察尔汗盐湖的传说

关于察尔汗盐湖有这样一个传说：很早很早以前，察尔汗盆地遍地都是金银珠宝，居住在此的山神们垂涎欲滴，都想把这些金银珠宝据为己有，他们为抢夺这些财宝而终年争战不休，山神们的战争给居住在这里的生灵带来

了很大的灾难。仙居昆仑山深处的西王母知道这个事情后，十分生气，她决定干预此事，给山神们一个教训，她命令负责管理水的水神放下天水来，把那些金银珠宝都淹了，让山神们谁也拿不到。水神遵命行事，放下天水。几百年过去了，这里就出现了现在这样的盐湖。

纳木错地貌

　　纳木错是闻名西藏的三大圣湖之一，湖面海拔4718米，从湖东岸到西岸全长70多千米，由南岸到北岸宽30多千米，总面积为近2000多平方千米，是我国的第二大咸水湖，也是世界上海拔最高的咸水湖，最深处约33米以上。纳木错藏语为"天湖湖"之意，位于藏北高原东南部，念青唐古拉山峰北麓，西藏自治区当雄和班戈县境内。纳木错湖水清澈透明，湖面呈天蓝色，水天相融，浑然一体，闲游湖畔，似有身临仙境之感。

纳木错湖面

　　据《措之解说》中记载，纳木错的全名是"纳木错秋莫·多吉贡扎玛"。纳木错是第三世纪末和第四世纪初，喜马拉雅山运动凹陷而形成的大型构造

DIQIU GHUANGZAO DE QIYI ZIRAN FENGGUANG

断陷湖。后因西藏高原气候逐渐干燥，纳木错面积大为缩减。现存的古湖岩线有三道，最高一道距现在的湖面约80余米。湖滨平原牧草良好，是天然的牧场。传说纳木错是绵羊的主护神，所以每逢藏历的羊年，纳木错将要敞开圣门迎接众神前来汇集。据传，天下之众神按照不同的年份进行轮流汇集，藏历马年汇集到岗嘎德斯，猴年汇集到南方的杂日山，羊年则汇集在纳木错。因此人们争先恐后地前往纳木错朝圣转经。从藏历羊年的1月开始到年底12月止转湖队伍终年不断。既有骑马转湖的又有徒步跋涉的，不分男女老少人人都以转湖朝圣一次为积大德，并相信也能给自己带来无限的福。这种心理驱使信徒们不辞辛苦，长途跋涉，日夜兼行地转湖不止，即便是走不动路的老者或者残者也乘马前往，并认为转得越快功德也越高。所以那些身强力壮的小伙子不分昼夜地拼命往前跑，竟能在10天之内转纳木错一周。

在藏北众多的湖泊中，人们为何如此笃信纳木错呢？这也许是除了在纳木错周围有4座古老的寺院外，其主要原因就是独特的山水景色和各种奇石异土及其美妙的传说给纳木错涂上了神秘的色彩。

纳木错中5个岛屿兀立于万顷碧波之中，佛教徒们传说这五座岛是五方佛的化身，凡去神湖朝佛敬香者，莫不虔诚顶礼膜拜。其中最大的是良多岛，面积为1.2平方千米。此外还有5个半岛从不同的方位凸入水域，其中扎西半岛居5个半岛之冠。扎西半岛位于湖的东侧，像是湖岸伸入湖中的一只拳头。远远望去，它是个小山包，由于山包中间明显裂开，人们说它是个睡佛，短的一段是脑袋，长的一段是身子，腿侧伸入湖中隐而不见。其实，这是个由石灰岩构成的约10平方千米的半岛，由于湖水的侵蚀，分布着许多幽静的岩洞，形成了独特的喀斯特地貌。有的洞口呈圆形而洞浅短，有的溶洞狭长似地道，有的岩洞上面塌陷形成自然的天窗，有的洞里布满了钟乳石。岛上到处怪石嶙峋，峰林遍布，峰林之间还有自然连接的石桥。岛上地貌奇异多彩，巧夺天工，实属奇观。纳木错阴面有18大梁，阳面有18大岛。藏北牧人自豪地说："纳木错美如画，阴有18大梁，最著名的山梁在阳面，阳有18大岛，最著名的岛在阴面。"就是说在纳木错湖周围共有18道山梁，其中除一梁在阳面外，其余都在湖的阴面即南边。

纳木错共有18个岛，其中扎西岛在阴面外，其余诸岛均在阳面即纳木错湖的北边。虽然纳木错海拔达4718米，但岛上、湖滩上到处都生长着茂密的牧草和柏树林。湖岛上那些岩洞及树丛中还有极丰富的水生物，这些水生物给熊创造了一个理想的乐园。

咸水湖

咸水湖是指湖水含盐量较高的湖泊（一般含盐量在1%～35%才称为咸水湖）。通常是湖水不排出或排出不畅，或蒸发造成湖水盐分富集形成，故咸水湖多形成于干燥的内流区。我国境内的咸水湖有青海湖、罗布泊、纳木错等。

咸水湖的水因含盐量高而不可饮用，但是它丰富多样的盐类，如食盐、镁盐、苏打、硫酸钠、钾盐、石膏、硼砂等，都是很重要的化工原料。

藏北高原

藏北高原藏语称为"羌塘"，是青藏高原的核心，平均海拔在4500米以上，位于西藏自治区的冈底斯山脉、唐古拉山脉、念青唐古拉山脉、昆仑山脉之间，东西长约2400千米，南北宽约700千米，面积约占西藏的3/5。藏北高原一年之中有9个月冰封土冻，属于高寒地区。藏北高原由一系列间夹着大小盆地的浑圆而平缓的山丘组成，其中低处常堵水成湖，不乏热气腾腾的地热和温泉涌现。藏北高原矿产丰富，植物种类繁多，人称"西藏之宝"的牦牛和绵羊，遍布在藏北高原上。

苍山洱海

苍山洱海位于中国云南省大理白族自治州，是古今旅游者所向往的地方。明代著名文人杨升庵描绘它："山则苍茏垒翠，海则半月掩蓝"，"一望点苍，不觉神爽飞越"。苍山洱海保护区地处滇中高原西部与横断山脉南端交汇处，主峰点苍山位于横断山脉与青藏高原的结合部，顶端保存着完整的典型冰融地貌，洱海为云南第二大淡水湖泊。苍山洱海山水相依，绵延40余千米，宛如一幅色彩鲜明的山水画卷。

苍山，又名点苍山，共有19座山峰，最高峰海拔4000多米。苍山景色向来以雪、云、泉著称。经夏不消的苍山雪，是素负盛名的大理"风花雪月"四景之最。在风和日丽的阳春三月，点苍山顶显得晶莹娴静，不愧是一个冰清玉洁的世界。点苍山的云变幻多姿，时而淡如青烟，时而浓似泼墨。在夏秋之交，不时出现玉带似的白云横束在苍翠的山腰，横亘百里，竟日不消，妩媚动人。

苍　山

在苍山顶上，有着不少高山冰碛湖泊，湖泊四周是遮天蔽日的原始森林。还有 18 条溪水，泻于 19 峰之间，滋润着山麓坝子里的土地，也点缀了苍山的风光。苍山还是一个花团锦簇的世界。不仅有几十种杜鹃，而且有珍稀的毗碧花和绣球似的马缨花等。

苍山自然景观优美，风景名胜荟萃。如闻名遐迩的蝴蝶泉、奇险兼有的凤眼洞和龙眼洞、历史悠久的将军洞，以及南诏德化碑感通寺、中和寺等文物古迹。山顶有绮丽的花甸坝子、洗马潭、黄龙潭、古代冰川遗迹等自然景观。古人将苍山多种自然景观概括为苍山八景，即晓色画屏、苍山春雪、云横玉带、凤眼生辉、碧水叠潭、玉局浮云、溪瀑丸石、金霞夕照。

洱海形成于距今 1.2 万多年前的大理冰期。当时，在大理附近发生了一次强烈地震，地壳断裂为一个大的内陆盆地，而后聚水成湖。洱海地区因受沿横断山脉北上孟加拉湾海洋风的侵袭，下关、大理一带经常刮风，所以湖面多浪。一遇大风，湖面波涛汹涌，呈现出"海"的幻觉。洱海是一个风光明媚的高原淡水湖泊，在古代文献中曾被称为"叶榆泽"、"昆弥川"、"西洱河"、"西二河"等。洱海水面海拔 1900 米左右，北起洱源县江尾乡，南止于大理市下关镇，形如一弯新月，南北长 41.5 千米，东西宽 3~9 千米，周长 116 千米，面积 251 平方千米。洱海属澜沧江水系，北有弥苴河和弥茨河注入，东南汇波罗江，西纳苍山十八溪水，水源丰富，汇水面积达 2565 平方千米，平均容水量为 28.2 亿立方米，平均水深 10.5 米，最深处达 20.5 米。湖水从西洱河流出，与漾江汇合注入澜沧江。

洱海西面有点苍山横列如屏，东面有玉案山环绕衬托，空间环境极为优美，"水光万顷开天镜，山色四时环翠屏"，素有"银苍玉洱"、"高原明珠"之称。自古及今，不知有多少文人韵士写下了对其赞美不绝的诗文。南诏清平官杨奇鲲在其被收入《全唐诗》的一首诗作中描写它"风里浪花吹又白，雨中岚影洗还清"；元代郭松年《大理行记》又称它"浩荡汪洋，烟波无际"。凡此种种，不胜枚举。

洱海气候温和湿润，风光绮丽，景色宜人。巡游洱海，岛屿、岩穴、湖沼、沙洲、林木、村舍，各具风采，令人赏心悦目。古人将其概括为"三岛、四洲、五湖、九曲"。三岛为金梭岛、玉几岛、赤文岛；四洲为青莎鼻洲、大鹳溆洲、鸳鸯洲、马濂洲；五湖为太湖、莲花湖、星湖、神湖、渚湖；九曲为莲花曲、大鹳曲、蟠矶曲、凤翼曲、罗蒳曲、牛角曲、波曲、高莒曲、鹤巢曲。随着四时朝暮的变化，各种景观呈现出万千气象。

苍山洱海自然保护区主要保护对象为高原淡水湖泊及水生动植物、南北动植物过渡带自然景观、冰川遗迹。区内具有明显的七大植物垂直带谱，保存着从南亚热带到高山冰漠带的各种植被类型，是世界高山植物区系最富有的地区。本区已鉴定的高等植物有2849种，其中国家重点保护植物26种，同时还是数百种植物模式标本的产地。苍山花卉，品种繁多。云南的八大名花，即山茶花、杜鹃花、玉兰花、报春花、百合花、龙胆花、兰花、绿绒蒿，在苍山都能寻找得到踪迹。其中，仅杜鹃花品种就有41种，从山脚直到海拔4100米的积雪地带，层层叠叠，成片成簇。苍山也是野生动物的乐园。这里气候适宜，植被茂密，至今还生活着鹿、麂、岩羊、野牛、山驴、野猪、狐、雉鸡以及少数的珍稀动物如麋鹿（四不像）等。

冰碛

冰碛又称冰川沉积物，过去常称为泥砾层，是指在冰川作用过程中，所挟带和搬运的碎屑构成的堆积物。冰碛分为：含于冰川底部的底碛、含于冰川内部的内碛、含于冰川表层的表碛和含于冰川体两侧的侧碛等等。

冰碛的特点如下：

（1）由碎屑物组成；（2）大小混杂，经常是巨大的石块和细微的泥质物的混合物；（3）碎屑物无定向排列；（4）无成层现象；（5）绝大部分棱角明显，有的砾表面具有磨光面或冰擦痕。（6）可见含有适应寒冷气候的生物化石。

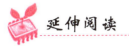

延伸阅读

蝴蝶泉奇观

蝴蝶泉坐落在点苍山云弄峰下。在每年农历的三四月间，云弄峰山上各种奇花异草竞相开放，泉边的合欢树散发出一种淡雅的清香，成千上万的蝴蝶从四面八方汇聚而来。这些蝴蝶大的如掌，小的如蜂，它们或飞舞于色彩斑斓的山茶、杜鹃等花草间，或嬉戏于游人之间。更有那数不清的彩蝶，从合欢树上，一只只倒挂，连须钩足，结成长串，一直垂到水面，阳光之下，五彩焕然，壮观奇丽。尤其是旧历四月十五这一天，若遇天气晴和，更是盛况空前，不仅蝴蝶多得惊人，而且品种繁多，如凤尾蝶、大瓦灰蝶等等，应有尽有，汇成了蝴蝶的世界。

天山天池

天山天池古称"瑶池"，是我国著名的风景游览区。天池位于新疆阜康市城南西博格达峰的群山之中，海拔 1980 米，长 3400 米，最宽处约 1500米，最深处达 105 米。这里，群山环抱一潭碧水，雄伟挺拔的雪峰倒影在池水中，湖光山色，浑然一体。满山苍松叠嶂，郁郁葱葱，一望无际。林间花草丛生，毡房点缀，羊群遍野。

天池属冰碛湖，早在 2.8 亿年前的古生代，这里曾是汪洋大海。后来，由于地壳的频繁活动、海底火山的不断喷发等原因，海底崛起成为陆地，形成博格达山的原始轮廓。中生代以后的燕山运动又使博格达山再次隆起。新生代时期，山地大幅度断块上升，形成了今天的博格达山脉，湖水退到现在的山前盆地。第四纪大冰期以后，气候转暖，冰川逐渐消退，天池就是在冰川消退回缩、融水下泄时所挟带的岩屑巨石逐渐停积阻塞成垅、积水成湖的。

天池的气候别具一格。新疆远离海洋，位于大陆腹地，但天池却冬暖夏

天山天池

凉，雨水充足，接近海洋性气候。它没有"四季"之分而以0℃为界，零上气温7个月，零下气温5个月。最热的7月，气温只不过15℃，最冷的1月，气温也不过–12℃左右。气象学家将这种高处暖、低处冷的温度分布称作"逆温"，这是由盆地的地形特色造成的。

天池风景区，以天池为中心，融森林、草原、雪山、人文景观于一体，形成别具一格的特色风光。它北起石门，南到雪线，西达马牙山，东至大东沟，总面积达160平方千米。立足高处，举目远望，那一泓碧波高悬半山，就像一只玉盏被巨手高高擎起。

天池湖水清澈碧透，四周群山环抱，青峦拔翠，幽谷深壑，湖滨绿草如茵。这里气候湿润，降水充沛，年降雨量在500毫米左右。盛夏，戈壁酷暑难熬，而天池却空气清新，凉爽宜人。七八月份，夜晚房间还要生火取暖，故有"早穿皮袄午穿纱，围着火炉吃西瓜"的绝景。

天池的秀丽风姿引人入胜。天池湖面平静，湖中游艇荡漾，四周雪峰环列、云杉参天。在百花盛开的草地上，毡房点点，炊烟袅袅。游人在此可登高山、穿密林，俯览天池全景；也可泛舟湖面，饱览湖光山色。雪天天池银装素裹，远望博格达峰皑皑白雪，别有一番情趣。天池共有三处水面，除主湖外，在东西两侧还有两处水面，东侧为东小天池，古名黑龙潭，位于天池东500米处，传说是西王母沐浴梳洗的地方，故又有"梳洗涧"、"浴仙盆"之称。潭下为百丈悬崖，有瀑布飞流直下，恰似一道长虹依天而降，煞是壮观。西侧为西小天池，又称玉女潭，相传为西王母洗脚处，位于天池西北2000米处。西小天池状如圆月，池水清澈幽深，塔松环抱四周。如遇皓月当空，静影沉璧，清景无限，因而得一景曰"龙潭碧月"。西小天池东侧也飞挂一道瀑布，高数十米，如银河落地，吐珠溅玉，这一景曰"玉带银帘"。池上有闻涛亭，登亭观瀑别有情趣。眼可见帘卷池涛，松翠水碧；耳可闻水击岩穿、声震裂谷。

天山天池不仅山水风光秀美瑰丽，而且还有许多珍奇的动植物，其中最惹人喜爱的是被称作"高山玫瑰"的雪莲。雪莲多开放在高山的雪线以上，可从盛夏开花直到深秋，即使是在雪花纷飞中照样怒放。它傲霜斗雪的禀性和顽强的生命力赢得了人们的赞叹。雪莲可入药，当地人民喜欢以雪莲烹煮食物，强身健体，延年益寿。

新生代

新生代是地球历史上最新的一个地质时代，从6400万年前开始一直持续到今天。新生代被分为三个纪：古近纪、新近纪和第四纪。七个世：古新世、始新世、渐新世、中新世、上新世、更新世和全新世。古近纪占了前三个世，古新世、始新世和渐新世。时间大约是6500万年前到2300万年前。新近纪占了中间两个世：中新世和上新世。时间大约是2300万年前到160万年前。第四纪占了最后两个世：更新世和全新世。时间大约是160万年前至今。所以，第四纪也叫做人类纪或灵生纪。新生代以哺乳动物和被子植物的高度繁盛为特征，由于生物界逐渐呈现了现代的面貌，所以取名新生代。

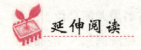

博格达峰的传说

　　博格达峰怀抱着天池，关于博格达峰有这样一则传说：很久以前，这里居住着维吾尔族的祖先，有一位维吾尔族少女叫塔格莱丽丝（雪莲花之意），生得十分漂亮。当地有一个恶少想霸占塔格莱丽丝，这位维吾尔族姑娘便化作一座冰峰即现在的博格达峰主峰。然而，这个恶少还不死心，企图爬上峰顶去吻这个姑娘的脸。因此，姑娘的大弟变成了"灵峰"，二弟变成了"圣峰"，站在姐姐的前面阻挡恶少。可是恶少又绕过"灵峰"和"圣峰"，企图从东北侧爬上山顶，但爬到半山腰时被雪崩活埋了。不知过了多少年，被活埋的恶少变成了一条恶龙，又企图爬上峰顶去吻这个姑娘的脸。当时，有5位勇敢的青年决心除掉这个恶龙。他们历尽艰险，穷追恶龙，恶龙无处可逃，遂向博格达峰主峰爬去，5人在峰顶同恶龙进行了殊死搏斗。经过七七四十九天的鏖战，5人精疲力尽，昏倒在山上。这时，恶龙趁机将他们5人依次向东方投掷，恶龙投掷最后一位青年时，这个青年醒了并抱住恶龙从博格达峰主峰南面的山崖跳了下去。后来，这5位青年在博格达峰主峰的周围也变成了冰峰，即"雪海五峰"东南侧排列着的5座5000米以上的冰峰。

长白山天池

　　长白山地处吉林省东南部，位于延边朝鲜族自治州和白山地区境内。面积为8000多平方千米。它宛如一条自东北往西南腾飞的巨龙，起伏绵亘在吉林省的东南部，并向东南延伸到朝鲜民主主义人民共和国境内。长白山为中国的著名山脉之一。

　　在沧海桑田的历史演变中，由于地球内外引力相互作用，造就了雄壮巍峨的山体。长白山中国境内最高峰为白云峰主峰，高出海平面2691米，是中

长 白 山

国东北地区的最高峰。

　　长白山是一座在 200 万年前开始，中止于距今不到 300 年的时断时续时猛时缓的休眠火山。其地貌为较典型的火山地貌景观，它自下而上由玄武岩台地、熔岩高原和火山锥体三大部分构成。在广阔的玄武岩台地和熔岩高原之上，耸立着雄伟壮观的长白山主峰白云峰。

　　长白山火山有过多次喷发，又有过较长时间的间歇，其最后一次猛烈喷发，是在 1702 年。长白山火山喷出黏稠度较大的熔岩和各种火山碎屑物，堆积在火山口周围，使长白山山体高耸成峰。其中在海拔 2500 米以上的有 16 座。在我国境内由北向西有白岩峰、天文峰、龙门峰、鹿鸣峰、白云峰、青石峰等六座。其中白云峰海拔 2691 米，是中国东北地区的第一高峰。所有这些山峰都高耸入云，嶙峋突兀，气势磅礴。长白山经常是云雾弥漫，气候变幻无常。特别是夏季，好端端的艳阳天，却可以在骤然之间风云突变，雷雨交加，冰雹齐落。可过了一会儿，雨过天晴，山峦峻峭，林木苍秀，又江山如画了。

　　在长白山顶部的火山口，由于积水而形成了面积为 9.8 平方千米的天池。天池处于中朝两国边境上，整个湖面呈椭圆形，像一块碧蓝的大宝石镶嵌在群峰之中。天池南北长 4.8 千米，东西宽 3.3 千米，周长为 13.1 千米，平均水深 204 米，最深处为 373 米，是我国最深的湖泊，其海拔为 2194 米，也是我国火山口湖海拔最高的一个。平时，湖中波光粼粼，清澈碧透，湖周岩壁陡峭，险峰林立，构成一幅赏心悦目的风景画卷。雨雾时，浪花翻卷，水天相连，茫茫沧海，云海翻卷如絮，美不胜收。天池风光瑰丽，水力资源丰富。其蓄水量为 20 亿立方米，是松花江、鸭绿江、图们江三江的水源。"三江"源远流长，千秋万代滋润着东北大地，造福于民。

长白山天池

在天池西岸的山峰上有金线、玉浆两个较大的山泉。两泉味美甘甜，终日潺潺不息地流入天池。"请君若到天池上，须把银壶灌玉浆"之言，惟妙惟肖地道出了两个山泉的甘味浓醇，诱人之至。

天池四周被群峰环绕，水由天文峰与龙门峰之间的唯一出口溢出，向北奔流在只有 1250 米长的乘槎河上。乘槎河的终端是高达 68 米的悬崖峭壁。天池水从断崖上急滚而下，一泻千里，形成了天池飞瀑。天池瀑布气势磅礴，雄伟壮观。晴日远眺，似玉带起舞，浪花吐雪，水雾弥漫，彩虹当空，飘彩流丹，山呼谷鸣，吸引着成千上万的游览者，成为驰名中外的古今奇观。

沿瀑布之水顺流而下，在近 900 米处，就是分布面积达 1000 多平方米的温泉群。温泉群的泉口比较集中，水温都在60℃以上，有的高达82℃，并保持常年不变。由于温泉水是从地壳深处涌出地表，所以泉里水珠翻滚，咕咕作响，泉表热气腾腾，蒸汽弥漫。冬季的长白山虽然到处风吼雪滚，冻地冰天，可温泉附近却热气升腾，流水淙淙，树满雾凇，一派琼山玉阁的仙境风光。

另外，长白山的林海和大峡谷也是世界上难得一见的自然奇观。林海层次分明，非常壮观，而且林海中栖息着梅花鹿、东北虎等珍稀动物。

 知识点

台 地

台地是指四周有陡崖的、直立于邻近低地、顶面基本平坦似台状的地貌。由于构造的间歇性抬升，使其多分布于山地边缘或山间。根据形成的原因，台地可分为构造台地、剥蚀台地、冻融台地等。根据物质组成，台地又可分为基岩台地、黄土台地、红土台地等。一般而言，海拔较低的大片平地称为平原，海拔较高的大片平地称为高原，台地介于平原和高原之间，通常海拔在一百至几百米之间。

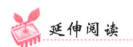 延伸阅读

天池水怪

近百年来，"水怪"的传说始终是一个悬而未解的谜题。无论是苏格兰的尼斯湖，还是中国的长白山天池、新疆的喀纳斯湖以及四川的列塔湖等等，"水怪"出没的传说一直不绝于耳，却又始终扑朔迷离、难辨真伪。在科学气息浓郁的21世纪，应该不会有谁轻易相信神鬼的谬论，可是现实生活中确实发生着一些令人匪夷所思、无法解释的怪事。在中国已有多处水域发现水

怪之事，那些目睹过水怪的人，除了惊奇还有恐惧，那些肇事的湖水也因此披上了神秘的面纱，那么，这些水怪到底是什么？目击者都看到了什么？天池水怪其实可能是一种类似"翻车鱼"的海洋鱼类。

长白山天池是活火山，与日本海临近，极有可能有一条通往日本海的隧道，所以翻车鱼就从隧道进入天池，这不是没有可能的。又因为长白山天池是活火山，湖底有火山活动，矿物质丰富，这为翻车鱼提供了食物，同时火山活动使湖地温暖，所以适合翻车鱼生存。但最重要的是，水怪目击照片和录像显示，水怪有打转的习惯，它还可以越出水面，这都与翻车鱼极其相似，所以，水怪极有可能是翻车鱼。

"三江并流"

"三江并流"是指金沙江、澜沧江、怒江从青藏高原并行从北至南奔腾而下，穿过大小雪山、云岭和怒山山脉，形成"三江并流，四山并立"的自然奇观。它涵盖于中国云南西北部的丽江市、迪庆藏族自治州和怒江傈僳族自治州。国内外专家认为，三江并流地区是反映地球演化重大事件的关键区域，也是世界上生物多样性最丰富的地区之一，还是珍稀和濒危动植物的主要栖息地，这里自然景观类型之多，内容之丰富世所罕见。

"三江并流"世界自然遗产核心区面积为1.7万平方千米，由高黎贡山、梅里雪山、哈巴雪山、千湖山、红山雪山、云岭、老君山、老窝山八大片区组成，每一个片区都分别代表了不同流域、不同地理环境下各具特色的生物多样性、地质多样性、景观多样性的典型特征，相互之间存在着在整体资源价值上的互补性和在典型资源类型上的不可替代性。

发生在4000多万年前的喜马拉雅造山运动，造就了举世罕见的"三江并流"自然奇观。据权威地质史资料记载，发生在4000多万年前的一次强烈地壳运动，使印度次大陆板块游离澳洲大陆而漂移，并与欧亚大陆板块大碰撞，引发了地球演化史上的喜马拉雅造山运动，"三江并流"就是远古地球陆地漂移碰撞的产物。如今号称"世界屋脊"的青藏高原，以及其南缘部分的云南"三江并流"地区，在远古洪荒时代还是波涛浩渺的古特提斯海（又称古地中海）的一部分。大碰撞引发了横断山脉的急剧挤压、隆升、切割，这里的岩石被挤碎、揉皱，造成变质重组，褶皱、断裂、节理、劈理等岩体构造变形现象格外引人注目，形成了"四山并立"（大小雪山、云岭、怒山、高黎贡山）、"三江并流"（金沙江、澜沧江、怒江）的独特自然奇观。

金沙江发源于青海境内唐古拉山脉的各拉丹冬雪山北麓，是西藏和四川的界河。它在西藏的江达县和四川的石渠县交界处进入昌都地区边界，经江达、贡觉和芒康等县东部边缘，至巴塘县中心线附近的麦曲河口西南方小河的金沙汇口处入云南，然后在云南丽江折向东流，是长江的上游。金沙江在巴塘河口由上源通天河进入川藏之间的高原地带时，在深山峡谷中一波三折、蜿蜒而去，呼啸在悬崖陡壁之间。这里属于地质学上的"三江褶皱带"，各山系平行绵延于一狭窄地带，高山峡谷相间，形

金沙江水

势险要。在 2308 千米的流程中，河流下切形成的峡谷河道达 2000 千米，江面与两岸群山的高差多在 1000～1500 米。深切的金沙江，拥有众多呈羽毛状排列的支沟。沿江地貌陡峻而破碎，支沟下游多为峡谷、嶂谷或干热河谷。金沙江从石鼓突然急转北流约 40 千米后，在中甸县桥头镇闯进玉龙雪山和哈巴雪山之间，穿山削岩，劈出了一个世界上最深、最窄、最险的大峡谷——虎跳峡。江水在约 30 千米长的峡谷中，跌落了 213 米，江面最窄达 30 米，

澜沧江

金沙江在这里展示了一种不可阻挡的英雄气概。

澜沧江是国际河流，在东南亚为湄公河，是亚洲流经国家最多的河。它流经中国、缅甸、老挝、泰国、柬埔寨和越南，在越南胡志明市附近注入南海，是世界第六大河，全长 4900 千米。国境处多年平均年降水量约 640 亿立方米，为黄河的 1.1 倍。澜沧江在我国境内水能资源可开发量约为 3000 万千瓦。这条河在中国境内的流程为 2198 千米，境外长度为 2711 千米。澜沧江源区，河网纵横，水流杂乱，湖沼密布。澜沧江上游的杂曲河流经的地区有险滩、深谷、原始林区、平川，地形复杂，冰峰高耸，沼泽遍布，景致万千。

怒江发源于青海唐古拉山的南麓，流经西藏、云南，出国境穿过缅甸，最后注入印度洋。云南境内的怒江，奔腾于高黎贡山与碧罗雪山之间，两山海拔多在 4000～5000 米。怒江河床海拔仅 800 米左右，河谷与山巅等相差达 3000～4000 米，形成著名的怒江大峡谷。怒江大峡谷位于滇西横断山纵

怒　江

谷区三江并流地带，峡谷在云南段长达 300 多千米，平均深度为 2000 米，最深处在贡山丙中洛一带，深达 3500 米，被称为"东方大峡谷"。海拔 4000 多米的高黎贡山和碧罗雪山夹着水流汹涌的怒江，峡谷中险滩遍布，两岸山势

险峻，层峦叠嶂。比较有名的景观有双纳洼地嶂峡、利沙底石月亮、月亮山、马吉悬崖、丙中洛石门关、怒江第一湾、腊乌崖瀑布、子楞母女峰、江中松等。

 知识点

造山运动

　　造山运动是指地壳局部受力、岩石急剧变形而大规模隆起形成山脉的运动，造山运动其速度快、幅度大、范围广，常引起地势高低的巨大变化，同时，随着岩层的强烈变形，也有水平方向上的位移，形成复杂的褶皱和断裂构造，褶皱断裂、岩浆活动和变质作用是造山运动的主要标志。造山运动仅影响地壳局部的狭长地带。目前观测到的最后一次造山运动是燕山运动，其结束的时间是白垩纪末期，距今已有一亿年。

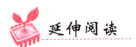 延伸阅读

唐古拉山

　　唐古拉山是青藏高原中部的一条近东西走向的山脉，位于西藏。"唐古拉"为藏语，意为"高原上的山"，又称"当拉山"，在蒙语中意为"雄鹰飞不过去的高山"。唐古拉山海拔6000米左右，最高峰各拉丹冬海拔6600米以上。

　　唐古拉山山峰上发育有小型冰川，是长江、澜沧江、怒江等大河的发源地。唐古拉山气温低，有多年冻土分布，冻土厚度70~88米。植被以高寒草原为主，混生有垫状植物。

不"死"的死海

死海位于约旦同巴勒斯坦之间的西亚裂谷中。死海地沟约长 560 千米，是东非大裂谷的北部延伸部分，这是一块下沉的地壳，夹在两个平行的地质断层崖之间。死海是地球的最低点，海拔 – 422 米。死海因地势特低而积聚大量的矿物质，自古称为咸海，其海水盐分是一般海水的 6 倍，能产生极大的浮力和有治疗皮肤病的效用。

死海南北长 80 千米，东西宽 4.8 ~ 17.7 千米，面积 1020 平方千米。湖面平均低于海平面 415 米，是世界上最低的地方。湖水平均有 146 米深，最深的地方有 400 米，所以湖底最深的地方，已经在海平面以下 700 多米了。

死　海

死海的北面有约旦河流入，南面有哈萨河流入，但是，却没有水道和海洋通连，湖里的水只进不出。由于死海所在地区炎热干燥，气温高，蒸发强烈，水分蒸发后盐分却留了下来。年深日久，湖中积累的盐分就越来越多了，使死海变成世界上最咸的湖泊，含盐量高达 25% ~ 30%，就是说 5 千克湖水中含有 1 千克盐，是一般海水含盐量的 6 ~ 7 倍。

由于含盐量高，湖水的比重超过了人体的比重，所以在死海中游泳的人平躺在水面上也不会下沉，甚至可以躺在水面上静静地看书。

因为死海中含盐量太大了，所以湖水里除了某些细菌以外，其他生物都不能生存，沿岸草木也很稀少，湖泊周围死气沉沉。大家也就把它叫作"死海"。

死海的形成，是由于流入死海的河水不断蒸发、矿物质大量下沉的自然条件造成的。原因主要有两条：其一，死海一带气温很高，夏季平均可达34℃，最高达51℃，冬季也有14℃～17℃。气温越高，蒸发量就越大。其二，这里干燥少雨，年均降雨量只有50毫米，而蒸发量则是140毫米左右。晴天多，日照强，雨水少，补充的水量微乎其微，死海变得越来越"稠"，沉淀在湖底的矿物质越来越多，咸度越来越大。于是，经年累月，便形成了世界上最咸的咸水湖——死海。

其实，"死海"是个大盐库，光是食盐的蕴藏量，据说就足够全世界的60亿人吃2000年。此外，死海中还含有多种盐类，如氯化镁、氯化钙、氯化钾、溴化镁、溴化钾等等，都是重要的化学原料。近年来，死海沿岸已兴建了一些化工厂，开发这些宝贵的天然资源。在死海沿岸，盐堆积成奇怪的形状，看上去很像雪人。

人们还在死海发现了《旧约全书》的抄本，人们称之为死海古卷。死海古卷远在公元前1世纪的时候就被藏在死海西北的山洞中。因为这个地方离死海很近，所以就称这本古卷叫死海古卷。它是在1947年才被发现的。古卷抄在羊皮上面，距离今天大约有2000多年以上的时间。在这以前，世界上最古老的旧约圣经抄本也不过是约900～1000多年以前的抄本，名叫马素列古卷。死海古卷包括《圣经》中除了《以斯贴》之外所有《旧约全书》的抄本。此外还有回忆录、赞美诗及其所属教派的情况介绍等。这些古卷比以前所发现的任何《旧约全书》抄本都要早至少1000年，而且是极具价值的希伯来语和阿拉伯语文字手写体的范本。

 知识点

断层崖

断层崖是指由断裂活动造成的陡崖。断层崖不一定就是断层面，常

常是断层面被剥蚀后退而形成的陡坡。较新的断层往往在地形上表现为断层崖。较老的断层也可以造成地形倒置的现象，形成断层崖线。通常断层崖的走向线平直，在断层崖被侵蚀的过程中随着横贯断层河谷的扩展，完整的断层崖被分割成不连续的断层三角面，而三角面的前面常形成一系列的冲积、洪积扇。

延伸阅读

死海形成传说

　　有这样一个关于死海形成的古老传说：远古时候，死海之地原来是一片大陆，在这块大陆上有一个村庄，村庄里的男人们有着种种恶习，村中有个叫鲁特的先知劝他们改邪归正，但村庄里的男人们拒绝悔改。上帝决定惩罚他们，他暗中谕告鲁特，叫他携带家眷在某年某月某日离开村庄，并且告诫他离开村庄以后，不管身后发生多么重大的事故，都不准回过头去看。鲁特按照规定的时间离开了村庄，走了没多远，他的妻子因为好奇，偷偷地回过头去望了一眼。瞬间，好端端的村庄塌陷了，出现在她眼前的是一片汪洋大海，这就是死海。她因为违背上帝的告诫，立即变成了石人。虽然经过多少世纪的风雨，她仍然立在死海附近的山坡上，扭着头日日夜夜望着死海。上帝惩罚那些执迷不悟的人们，让他们既没有水喝，也没有水种庄稼。

黄石国家公园

　　黄石国家公园是世界最大的公园，也是美国设立最早、规模最大的国家公园，位于怀俄明、蒙大拿和爱达荷三州交界处，占地8956平方千米。公园原为荒山原野，19世纪初叶始有探险者的足迹。1872年，总统格兰特在任期间将黄石公园辟为国家公园。黄石国家公园得名的原因是黄石河两旁的峡壁呈黄色。公园内富有湖光、山色、悬崖、峡谷、喷泉、瀑布等景致。但其最独特的风貌，则是被称为世界奇观的间歇喷泉。

黄石国家公园是世界上第一座以保护自然生态和自然景观为目的而建立的国家公园。它不仅拥有各种森林、草原、湖泊、峡谷和瀑布等自然景观，其大量的热泉、间歇泉、泥泉和地热资源，更构成了享誉世界的独特地热奇观。黄石国家公园也是野生动物的天堂，是美国野生动物的最大庇护所。

与美洲大陆的其他地方一样，今天的黄石公园地区也曾经是美洲印第安人活动的舞台。考古学家发现，大约在1.1万多年以前，就有印第安人在这里建立家园。后来又有另一支印第安人部落移居到此，从事狩猎、采集及原始的农业生产活动。

一支被称之为"食羊者"的印第安部落一直居住到1871年，直至这里被美国政府划定为国家公园的前一年，才迁居到休休尼风河保留地。黄石国家公园因自然景观和地质现象的差异，分为五大区：分别是玛默斯区、罗斯福区、峡谷区、间歇泉区和湖泊区。

分布在黄石公园里的大大小小间歇泉总共有300个以上，其中最知名的就是"老忠实"间歇泉。老忠实泉平均每隔79分钟喷发一次，每次喷发大约维持在一分半至五分钟之间，大约有10 000～30 000升的热水在这期间被喷到30～50米的高度。就因为"老忠实"拥有最准时的喷发周期，因此成为间歇泉中的明星，也一直是黄石国家公园地热活动的象征。近年来，由于地震和人为因素的影响，"老忠实"的喷发时间有时会发生偏移。偏移范围大至以45～100分钟不等，但这种情况并不常发生。除"老忠实"外，黄石国家公园地热活动的多样化更是随处可见。玛默斯区的石灰岩梯田、色彩斑斓的大七彩温泉池、黄石湖区的鱼人锅泉眼，其他如泥火山、汽孔等景象，都呈现了黄石地质景观的特殊性。

间歇泉的泉口下，是一个长而窄、有如管状的裂隙。受热的地下水上升后会进入裂隙里。在原本就充满水的裂隙中，水的重量压制了地下水，使它无法继续上升，于是形成了一个巨大的压力"锅炉"。当"锅"里的水经熔岩不断地加热，水温超过了临界温度而沸腾成蒸汽，蒸汽的力量就把裂隙的水一下子全喷出去，形成一次喷发。喷发后，新的地下水会再补充进"锅炉"里，整个作用便再循环一次。这种周期性的喷发，即形成了间歇泉。

石灰岩梯田又称石灰华台地。由于地下热泉中溶有较高的碳酸钙离子，热泉在熔岩热力的作用下形成一口"上升井"，自地表一个泉眼中涌出，并向低处流淌冷却，即会慢慢在山坡上开始沉积碳酸钙结晶。长久下来，碳酸钙沉淀便形成了这种"石灰岩梯田"。而热泉中滋生的各种藻类又往往为梯田披上了一层层彩衣。泥锅的成因在于热泉水中含有丰富的硫黄，当热泉水与硫黄物质、泥土及天然气相混合，便产生了这种特殊的地热现象。其中硫黄的沉淀形成黄色土壤，而硫化铁和氧化铁沉淀则使土壤的颜色呈黑色或紫色。当地面降水渗入地下的量不足时，地层中的熔岩迅速将水分蒸发汽化。这些蒸汽不断由地下喷出便产生汽孔。

由于地层中被熔岩加热的地下水密度小于刚渗入地层的冷水，因此热泉会处于冷水的上方，之后逐渐上升而冒出地表，形成热池。在热泉或热池的表面常可见到翻腾的气泡，这是自地层中排出的二氧化碳，并不是沸水。通常热泉和热池的温度比间歇泉低许多，这种较低温的热泉或热池，常因不同的温度滋生不同颜色的藻类，而呈现出丰富美丽的色彩。而且泉中沉淀出来的二氧化硅会在地表泉眼处形成蛋白色的泉华，这也是其特色之一。

发源于黄石公园的黄石河是塑造黄石公园胜景的重要因素之一。黄石河由黄石峡谷汹涌而出，贯穿整个黄石公园到达北部的蒙大拿州境内，全长1080千米，是密苏里河的一条重要支流。黄石河将山脉切穿而创造了壮观的黄石大峡谷。在阳光的照耀下，峡谷两岸峭壁呈现出金黄色，仿佛是两条曲折的彩带。由于黄石河穿行的地势高，水源充沛，黄石河及其支流深深地切入峡谷，形成许多激流瀑布。黄石大峡谷源头的高塔瀑布高达40米，水流从山间奔腾而下，水声震耳欲聋，响彻峡谷两岸。在湖泊区还有北美洲最大的高原湖泊黄石湖。由于黄石河的充足补给，黄石湖水面辽阔，面积达353平方千米，形成了自己特有的气候景观。

黄石国家公园不仅景观壮丽，而且其对生态的保护也走在世界的前列。各国相继效仿黄石国家公园建立了自己的国家公园。在黄石公园成立至今的一百多年中，国家公园的涵义是在逐步摸索中建立起来的。在这里，生态保护的观念也有好多次转变。黄石公园最初对待森林火灾的态度是尽力保护森

DIQIU CHUANGZAO DE QIYI ZIRAN FENGGUANG

林资源，对火灾采取主动灭火策略。但到20世纪60年代，生物学家认为，国家公园应尽可能维持其自然状态，自然发生的火灾就应该让它去烧，使自然环境更健康，黄石公园的灭火政策也相应转变。1988年的一场大火，烧掉了公园森林面积的45%，奉行了几十年的"不管政策"才终止。公园管理当局吸取教训，决定将火灾分为良性与恶性两种，做出评估之后，再选择扑灭或者让它燃烧。

　　另外，黄石公园面临的另一个问题是如何维持生态的平衡。大量繁殖的野牛和麋鹿对公园的生态造成破坏，而且野牛的定期迁徙更有传播牛瘟等疾病的威胁。于是公园宣布野牛为可猎杀的野生动物，这一举措差点造成黄石公园野牛的灭绝。后来，野牛的数量恢复后，公园管理当局"引狼入室"，将过去曾在此出没的灰狼从加拿大引回，为野牛制造天敌，以求达到控制野牛种群和数量。

 知识点

梯　田

　　梯田是在坡地上分段沿等高线建造的阶梯式农田。是治理坡耕地水土流失的有效措施，蓄水、保土、增产作用十分显著。梯田的通风透光条件较好，有利于作物生长和营养物质的积累。按田面坡度不同，梯田可分为水平梯田、坡式梯田、复式梯田等。

 延伸阅读

世界第一个国家公园的诞生

　　1859年，第一支由政府授权的政府探险队进入黄石探险。1870年，人类对黄石的一次最重大的造访行动开始了。在这支探险队中，有一位心甘情愿

为黄石公园献身的兰福德先生。在黄石公园开办之初，他义务担任了公园首任负责人，工作了五年，这五年之中没有要任何薪酬。法官科尼利厄斯·赫奇斯首先提出了"这片土地应该是属于这个新兴国家全体人民的国宝"这一革命性倡议。1871年，一支国家地质勘探队开始对黄石进行正式的勘察。考察完毕，这支勘察队也发表声明支持法官科尼利厄斯·赫奇斯的提议。尽管反对者众多，这个将这片公共土地交到联邦政府手中的议案，最终还是令人难以置信地被提了出来。1872年3月1日，根据美国国会法案所述："为了人民的利益，黄石公园被批准成为公众的公园及娱乐场所"，同时也是"为了使它所有的树木、矿石的沉淀物、自然的奇观和风景，以及其他景物都保持现有的自然状态而免于被破坏"。当时的总统尤利塞斯·格兰特在提案上签了字，世界上第一个"国家公园"就这样诞生了。

DIQIU GHUANGZAO DE QIYI ZIRAN FENGGUANG

海 岛 篇

通俗些讲，海岛是指分布在海洋中被水体全部包围的较小陆地。在地球上，分布在辽阔海洋中的海岛多如散落在地上的朵朵花瓣。海岛形成的因素有很多，有些是大陆边缘被海洋阻断而形成的，有些是火山爆发而形成的火山岛，有些则是珊瑚虫经过亿万年的沉寂而形成的珊瑚岛……

正由于形成的原因千差万别，才造就了海岛千姿百态的美景，南国海岛风光旖旎，北国海岛冰天雪地，大洋深处的海岛则凸显神秘，总之，海岛别有一番动人的美丽。

大堡礁

大堡礁位于澳大利亚的昆士兰州以东，南回归线与巴布亚湾之间的热带海域。大堡礁南北长约 2000 千米，东西宽 20～240 千米，包括约 3000 个岛礁和沙滩，分布面积共达 34.5 万平方千米，是世界上规模最大、景色最美的活珊瑚礁群，因此也常被誉为"世界第八大奇观"。

大堡礁是澳大利亚东北海岸外一系列珊瑚岛礁的总称。大堡礁生长在中

大堡礁

新世时期，距今约有3000多万年。大堡礁的3000多个珊瑚岛屿，是由一种微小的腔肠动物珊瑚虫长年累月"建筑"起来的，而且面积还在不断扩大。珊瑚虫有350多种。它们体态玲珑，色泽艳丽，但却十分娇弱。大堡礁所处的水域，终年受太平洋的南赤道暖流和东澳大利亚暖流的影响，全年平均水温在20℃以上，加上这一带海域海水浅、含盐度和透明度高，非常适合珊瑚生长。一般的珊瑚最多不过长到80米厚，而这里的珊瑚厚度竟达220米，为世界之最。珊瑚虫具有坚硬的石灰质骨骼，喜欢聚居，繁殖能力很强。后一代在前一代的骨骼上繁殖生长。因为珊瑚虫的种类不同，使得珊瑚礁的生长速度也不同。

大堡礁拥有为数众多的礁岛资源。这些礁岛有的露出海面几米或几百米，岛上热带风情，绿意盎然，艳丽明媚。有的礁岛半隐半现，形态奇异，意境美妙，想象无限。有的礁岛隐在海中，千奇百怪，五颜六色。珊瑚和鱼儿共舞，充满了浪漫的色彩。堡礁大部分没入水中，低潮时略露礁顶，从空中俯瞰，礁岛宛如一朵朵艳丽的花朵，在碧波万顷的大海上怒放。据统计，大堡礁中露出水面的珊瑚岛有600多个，主要的观光点有鹭岛、费兹莱岛、费沙岛、大凯裴岛、绿岛、汉密顿岛和海曼岛等。

108

DIQIU GHUANGZAO DE QIYI ZIRAN FENGGUANG

在较大的岛屿中，格林岛、海伦岛和赫伦岛最为著名。格林岛上设有水下观察室，可以观赏到栖息在珊瑚洞穴里的数百种美丽的鱼类以及海螺、海星、海参等稀奇古怪的海洋生物。有能施放毒液的华丽的狮子鱼和形如石头的石头鱼，还有敢偷袭潜水员的昆士兰鱼，令人仿佛置身于海底世界。

海伦岛附近的海底布满了美丽的珊瑚礁，岛上树木特别多，远远望去，一片葱茏。四周的白色沙滩好像一条裙带，远望海伦岛岛上任何地方，都是天然的海水浴场。海底因为全部是珊瑚礁，没有泥土污染，所以海水清澈见底，能看见各种色彩缤纷的鱼类。在海伦岛潜水有很大的乐趣，潜水者不仅可以与各种鱼类为伴，而且可以了解它们的生态。除了欣赏鱼类，岛上的林木丛中还有数不清的鸟类，四季常青的灌木吸引着许多候鸟到此避寒。岛上还是世界著名的绿色海龟产地。海龟与游人相处极为友善。

赫伦岛面积 0.17 平方千米，是一个奇特的珊瑚岛。从空中俯瞰，远远望见它就像一叶小舟，荡漾在湛蓝色的海面上。漫步岛上，海浪袭来，"岛船"似乎有些摇动，但使人会感到一种乘风破浪向前的激情。海潮退去后，脚踩珊瑚会发出嘎吱嘎吱的声响，让人不得不惊叹大自然奇妙的创造力。走进赫伦岛的中心区域，树木丛生，浓郁苍翠。其中有一种树非常奇特：树高可达几十米，树干很粗，植物组织疏松而又很脆，树心却又像海绵制成。若是遇上海鸟交配产卵的时节，绿林中更是热闹非凡，鸟伴侣们追逐嬉戏，互诉衷情。许许多多的苍鹭忽儿枝头落身，忽儿沙滩信步，正寻觅着小海龟或其他昆虫，希望给它们的儿女们带回去丰盛的食物。还有"头戴银帽"的白顶海鸥，这种海鸥似乎有些呆头呆脑，夜晚也常发出沙哑、凄厉的鸣叫，令人感到几分阴森恐怖。但当你目睹它们面对惊涛骇浪泰然自若、轻灵敏捷如闪电的身影时，便会把它们在陆上的愚钝和夜晚的吵闹统统抛于脑后，心中充满敬佩。

 知识点

南回归线

南回归线是太阳直射点回归运动时移到最南时所在的纬线，其纬度

数值等于黄赤交角,大约在南纬23度25分。每年冬至日(12月22日左右)这一天,太阳直射点南移至此,然后又向北移动。南半球南回归线以北至北回归线的区域每年太阳直射两次,获得的热量最多,形成为热带。因此南回归线是热带和南温带的分界线。

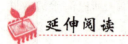
延伸阅读

大堡礁的傲人历史

大堡礁距今已有2500万年的历史,面积还在不断扩大。它是上次冰河时期后,海面上升到现在位置之后一万年来形成的。1606年,西班牙人托雷斯在昆士兰北端受到暴风雨袭击,驶过托雷斯海峡(此海峡以他的姓氏命名)到过这里。1770年,英国船"努力"号在礁石和大陆之间搁浅,撞了个大洞,船长库克曾滞留于此。1789年布莱船长率领"邦提"号上忠于他的船员驶过激流翻滚的礁石来到了平静的水面。"努力"号船上的植物学家班克斯看到大堡礁时惊讶不已。船修好后,他写道:"我们刚刚经过的这片礁石在欧洲和世界其他地方都是从未见过的,但在这儿见到了,这是一堵珊瑚墙,矗立在这深不可测的海洋里。"班克斯看到的大堡礁的"珊瑚墙",是地球上最大的活珊瑚体。这在世界上是独一无二的。

弗雷泽岛

弗雷泽岛绵延于澳大利亚昆士兰州东南海岸,长122千米,面积1620平方千米,是世界上最大的沙岛。高大的热带雨林的雄伟残迹就矗立于这片沙土之上。移动的沙丘、彩色的沙石悬崖、生长在沙地上的雨林植物、清澈见底的海湾与绵长的白色海滩,构成了这个岛屿独一无二的景观。1992年,弗雷泽岛作为自然遗产被联合国教科文组织列入《世界自然遗产名录》。

弗雷泽岛俯瞰图

弗雷泽岛是由数百年前大陆南方的山脉受风雨侵蚀而开始形成的。风把细岩石屑刮到海洋中，又被洋流带向北弗雷泽岛面，慢慢沉积在海底。冰河时期海面下降，沉积的岩屑露出海面，被风吹成大沙丘。后来海面回升，洋流带来更多的沙子。植物的种子被风和鸟雀带到岛上，并开始在湿润的沙丘上生长。植物死后形成了一层腐殖质，使较大的植物可以扎根生长，沙丘便被固定住了。现在，全岛均是金黄色的沙滩和沙丘。有些地方耸立着红色、黄色和棕色的砂岩悬崖。砂岩悬崖被风浪冲刷成锥形和塔形的岩柱。

弗雷泽岛的雨量异常充沛，年降雨量可达 1500 毫米。因此在岛下形成了一个巨大的淡水湖，蓄水量约 2000 万立方米。沙丘之间还有 40 多个淡水湖，其中包含了世界上一半的静止沙丘湖泊，这大大促进了沙丘植物的兴衰循环。布曼津湖，这个世界上最大的静止湖泊是弗雷泽岛最美丽的地方之一。

弗雷泽岛上，在高达 240 米的沙滩和悬崖后面生长着种类繁多的植物。上面森林茂密，喜欢潮湿的棕榈和千层树在积水的地方生机蓬勃；柏树、高大的桉树、成排的杉树以及非常珍贵的考里松也都适意地在此安家落户。这些林地为很多动物提供了家园。世界上有超过 300 种原生脊椎动物，而生活在这个岛上的就多达 240 种，其中包括极为珍贵的绿色、黄色雉鹦哥。这种鹦鹉科鸟类，喜欢活动在靠近海岸的洼地和草原上。以花和蜜为食的红绿色金猩猩鹦哥，为密林增添了艳丽的色彩。地鹦鹉、葵花凤头鹦鹉和大地穴蟑螂也是岛上的常住居民，因为在这里它们少有天敌。岛上的哺乳动物数量很少，但是这里却是澳洲野狗在澳大利亚东部的唯一栖息地。岛上的沙丘湖由于纯净度高、酸性强、营养含量低而鲜见鱼类和其他水生生物，但一些蛙类却非常适应这种环境，特别是一种被称为"酸蛙"的动物，它们能忍受湖中的酸性而悠闲地生活。弗雷泽岛的高潮与低潮之间有大片的浅滩，这些浅滩为过往的迁徙水鸟提供了最好的中途栖息地。

岛上的小湖和溪流成为野生动物的饮水源，这些动物其中包括澳大利亚野马。它们其实是运木材的挽马和骑兵军马的后裔。每年的 8～10 月，弗雷泽岛附近的海面上，还常常能看到巨大的座头鲸喷出的水柱，以及它们跃出水面的样子。

在弗雷泽岛上还能看见葵花凤头鹦鹉。葵花凤头鹦鹉也叫葵花鹦鹉、黄巴旦等，产于澳大利亚北部、东部及东南部至昆士兰岛西部、新几内亚及北部、东部岛屿等地。葵花凤头鹦鹉体长 40～50 厘米，体羽主要为白色，头顶有黄色冠羽，在受到外界干扰时，冠羽便呈扇状竖立起来，就像一朵盛开的葵花，因此得名。耳覆羽、颊部、喉部、飞羽和尾羽沾有黄色。虹膜为暗褐色或红褐色，嘴呈暗灰色，腿、脚呈暗灰色。野生的葵花凤头鹦鹉常常栖息于平原、沼泽等附近的树林中，喜欢结群活动。鸣声响亮，善于用脚和嘴在树上攀缘，经常一只脚抓住树枝站立，另一只脚将握住的食物送入嘴中，脚趾非常灵活，葵花凤头鹦鹉善于长距离飞行。主要以植物种子、坚果、浆果、嫩芽、嫩枝为食。繁殖期在澳大利亚南部为 8 月至翌年 1 月，在澳大利亚北部则为 5—9 月。筑巢于靠近水源的大树上或岩洞里。每窝产卵 2～3 枚，孵化期为 28 天，由雄鸟和雌鸟共同孵化和育雏，育雏期为 70 天左右。寿命一般为 40 年左右，也有的活到 60～80 年。

世界自然遗产

世界自然遗产是指从审美或科学角度看具有突出的普遍价值的由物

质和生物结构或该结构群组成的自然面貌、地质和自然地理结构、天然名胜或明确划分的自然区域以及明确划为受威胁的动物和植物的生境区。

《保护世界文化与自然遗产公约》规定，属于下列各类内容之一者，可列为自然遗产：1. 构成代表地球演化史中重要阶段的突出例证；2. 构成代表进行中的重要地质过程、生物演化过程以及人类与自然环境相互关系的突出例证；3. 独特、稀有或绝妙的自然现象、地貌或具有罕见自然美的地带；4. 尚存的珍稀或濒危动植物种的栖息地。

 延伸阅读

弗雷泽岛名字的由来

弗雷泽岛原名"库雅利"，意思是"天国"。这里一直美得很超然。1836年，一场暴风雨使"寻金"号轮船撞上了库雅利岛北部的斯温群暗礁。于是，船长詹姆斯·弗雷泽和他的妻子爱丽莎·弗雷泽以及船员们划着小舟漂流到库雅利。库雅利的土著人抓住了他们。几个月后，只有爱丽莎·弗雷泽逃了出来。她利用这段特殊的经历，以动人的语言，向人们讲述库雅利岛，结果这个世外桃源一样的小岛引得许多渔民、传教士和伐木者大举迁移，岛名也因此变为"弗雷泽"。后来船长夫人的经历成为一部电影和几部小说的创作主题，弗雷泽岛从此闻名于世。

阿卡迪亚岛

阿卡迪亚岛位于美国东部缅因州海岸附近，是5亿年来地质运动的结果。火山爆发喷出的岩浆被海水冷却，塑造了阿卡迪亚岛的雏形。后来，冰川时期的冰河在岛上奔流，重新塑造了阿卡迪亚岛，形成了美国东部独特的海湾——桑斯桑德海湾。这里最初是法国殖民地，由法国人命名为"秃山

岛"。海和山巧妙的结合可以说是阿卡迪亚岛最大的特点。海显得气势磅礴，山顶的石头有点儿怪异，或光秃秃，或苔藓地衣铺满，植被上和别的岛有很大不同。

阿卡迪亚岛

1604年，法国探险家萨缪尔·查普兰率领的探险船队在阿卡迪亚岛的浅滩搁浅。大雾遮蔽了他的视野，整个岛屿笼罩在朦胧之中，于是他把这座岛屿命名为"秃山"。1759年，欧洲人开始在岛上定居。19世纪初，美国艺术家汤姆斯·科勒和弗里德里克·切奇先后来到此岛寻找创作灵感。他们被这里的原始纯朴深深打动了，创作了一批风景画。随后，阿卡迪亚岛名声远播，逐渐成为美国富裕的工业家们的避暑胜地，洛克菲勒、卡内基、福特和摩根家族都在这里建造了豪华的别墅。

1913年，一个名叫乔治·多尔的人向美国联邦政府捐赠了将近2.4平方千米的岛上土地，以便大众能欣赏到这块土地上的美丽景色，并使这些土地上的景物能够得到保护。洛克菲勒家族随后也捐献了4.45平方千米的岛上土地。

1919年，美国总统威尔逊签署法案，确定在这些捐赠土地上成立拉斐特国家公园——这是密西西比河以东的第一个国家公园。1929年，公园改名为"阿卡迪亚"。

起伏的山脉是阿卡迪亚岛最主要的地理特征。岛上草木丛生，山势成斜坡向下插入海洋。阿卡迪亚岛海湾聚集了丰富的海洋动植物资源，包括藻类、海螺、鲸和龙虾等各种海洋生物。海洋学家常年在这里观察海豚、海豹和海鸟的生活习性。长年不散的烟雾经常使海上一片模糊，船只的航行变得十分危险。阿卡迪亚岛海边矗立着 5 座灯塔，它们至今还在发挥作用。

卡迪拉克山脉是阿卡迪亚岛东海岸的一个奇特景观。它以发现底特律的法国探险者卡迪拉克命名。由于 1947 年的火灾，岛上近 4 平方千米的植被被烧毁，后来重新长出的云杉和冷杉更显蓬勃。人们可以骑自行车沿着洛克菲勒家族修建的道路深入森林探险，中途还可以领略约旦池塘、鹰湖的美丽原始景色。静静的森林里，海狸在蜿蜒的小河上筑坝建巢，忙忙碌碌。人们爬上萨格特峰或派诺斯各特山脉，还可以看到法国人海湾和桑斯桑德海湾令人惊叹的壮丽景观。

在阿卡迪亚岛的海里住着人类的朋友——海豚。海豚是海里智力最发达的哺乳动物。它是鲸类家族中最小的一种。海豚最大才 4 米多长，体重只有100 多千克。它们的身体呈流线型。除了胸鳍之外，它们还长有一片背鳍，尾巴扁平而有力。海豚特别活泼，喜欢玩耍。它们有时爱找海龟游戏。海豚成群地游到海龟底下，用又尖又硬的鼻子一顶，把海龟顶向海面，然后就试图把它翻转过来，让它仰面朝天。有时一群海豚会同时跃起，一下子压向海龟，把它压得沉下水去好几米，不等海龟恢复平衡，又有几只海豚压下来，弄得海龟只好把头和四肢缩进龟壳。海豚是海中最善于游泳的动物之一，它们的最快游泳时速能达 80～120 千米，超过陆地上跑得最快的猎豹。海豚的大脑异常发达。它们的大脑与身体的比例仅次于人的大脑与身体的比例，而且大脑的沟回也特别多，记忆力极好，其学习和模仿能力超过猿猴。海豚格外聪明，也容易与人交流。

海 湾

海湾是一片三面环陆另一面环海的海洋，外形有 U 形及圆弧形等，通常以湾口附近两个对应海角的连线作为海湾最外部的分界线。与海湾相对的是三面环海的海岬。世界上面积超过100万平方千米的大海湾共有5个，即位于印度洋东北部的孟加拉湾。位于大西洋西部美国南部的墨西哥湾，位于非洲中部西岸的几内亚湾，位于太平洋北部的阿拉斯加湾，位于加拿大东北部的哈德逊湾。

 延伸阅读

缅因州

缅因州是美国东北部新英格兰地区的一个州。西北和东北边境分别毗邻加拿大，南临大西洋，西接新罕布什尔州，面积约8.6万平方千米。地形主体为波状起伏的高地，海拔在600米左右，中部卡塔丁山海拔约1600米，为全州最高峰。西北部为崎岖的山区，东南部多狭窄的局部沿海低地，海岸曲折，多港湾，岸外小岛星罗棋布。由于受高纬度的影响，以及大西洋寒、暖洋流的影响，缅因州有3个界限分明的气候区：南部内陆区、沿海区和北方区。年均气温北部为3℃~4℃；南部内陆和沿海地区为6℃~7℃。夏季凉爽，冬季长而多雪，常有风暴。夏季平均气温为17℃；冬季-7℃。

埃尔斯米尔岛

加拿大的埃尔斯米尔岛是世界第九大岛，面积20万平方千米。埃尔斯米尔岛中部地区，气候终年严寒，为巨大的冰层所覆盖，没有植被和土壤。埃尔斯米尔岛北端距离北极不到250千米。在这样酷寒的极地，只有极特殊的动物才能生存，北极狼就是其中之一。在世界上其他地区，狼群饱受人类的迫害而对人类深怀戒心。然而此地人迹罕至，北极狼徜徉在冰雪荒原上悠然自得，对人类毫不畏惧。

北美洲西北地区的地形地貌都深受第四纪冰川的影响。埃尔斯米尔岛所在的北极群岛在远古和北美大陆是一个整体，是古老的加拿大地质的一部分。冰川的压力使一部分陆地沉到海平面以下，冰川退却后没有回升到海平面以上，将一部分陆地隔成了岛屿，形成了北极群岛。北极群岛现在还有少数地方被冰川所覆盖，这里是南极和格陵兰以外冰川面积最大的地方。

北极群岛是世界上面积第二大的群岛，埃尔斯米尔岛是世界第九大岛。西北地区的南部并没有被冰川隔成岛屿，但是冰川却在这里造就出世界上最壮观的湖区。北极群岛的植被基本上都是苔原。

埃尔斯米尔岛的面积约为冰岛的两倍。当太阳融化朝南山坡的积雪时，在周围一片明亮耀眼的白色衬托下，岛上露出的灰黑色山岩显得分外庄严、肃穆。经过千百年冰雪的侵蚀，有的山岭已磨圆了，看起来不如实际上高。北部格兰特地山脉的巴博峰海拔 2600 米，是北美东北部的最高峰。海岸线经冰川冲蚀参差不齐，有不少峡湾。有些峡湾，如阿切峡湾，两侧悬岸高出海面 700 米。

每年大部分时间，埃尔斯米尔岛的周围海面冰冻，天气寒冷。这里冬季气温可降至 $-45℃$，夏季（从 6—8 月底）气温仍常常低于 $7℃$；在风和日丽的日子，气温可达到 $21℃$。这个岛虽然寒冷，但并不像想象中那样覆盖着厚厚的积雪，只是一个荒漠，年平均降水量（雪、雨、霜）只有 60 毫米。由于这里热量不足，地面蒸发很少。

面积广阔的埃尔斯米尔岛上只有南部的格赖斯峡湾有居民。早在 4000 年以前，一小部分古代因纽特人从西伯利亚经过冰封的白令海峡到达阿拉斯加。经过几个世纪的游猎，大约 2500 多年前，他们中的一部分人的足迹终于踏上了埃尔斯米尔岛。他们以麝牛和驯鹿为食，用它们的皮毛骨骼做衣服和武器，并改良方法猎杀海洋动物，最终兴旺繁荣起来，成为了现代因纽特人的祖先。他们发展出不可思议的技艺，在皮船上捕捉包括鲸在内的各种海洋哺乳动物，狗拉雪橇成为重要的陆上交通工具。因此，埃尔斯米尔岛成了一个研究加拿大北部原住民的重要场所。

埃尔斯米尔岛上没有树木，离它最近的树生长在南部的加拿大大陆上。

夏季，这里的大部分地区没有积雪，北极罂粟等野花在小溪边等适宜的地方盛开。黑曾湖地区是这片广大荒原上的最大绿洲。到了夏天，湖畔生机勃勃，生长着苔藓、伏柳、石楠和虎耳草等。夏季草原上有成千上万雪白的北极野兔、成群的麝牛和驯鹿。

生活在埃尔斯米尔岛上的驯鹿比大陆上的驯鹿要小，毛色较白，冬季不向南迁徙，同麝牛和北极野兔一样，只能依靠刨食积雪下的地衣和绿色植物过冬。无论冬夏，它们都是北极狐和狼的猎物。来此度夏的许多鸟，冬季都南飞到较温暖的地方。北极燕鸥几乎飞行地球半圈到南极地区去过夏天。岩雷鸟冬季仍留在岛上，寻觅冬季植物维持生命。

北极狼分布在加拿大北极群岛及格陵兰北海岸，大概在北纬70度的北边。它们生活在荒芜的地带，包括苔原、冰河谷及冰原。北极狼能够忍受−55℃的寒冷温度。北极狼有一身白色且比南方狼更加浓密的毛。它们的耳朵比较小也比较圆，鼻子稍短，腿很短。它们的体重较重，一只发育完全的公狼重达80千克。北极狼吃它们所能捕获的任何动物：从野鼠、旅鼠、野兔及小鸟到驯鹿及麝牛。它们必须成群一起猎捕驯鹿及麝牛等大型猎物。由于这个范围内掩蔽物极少，北极狼必须逼近有警觉的兽群防御圈，圈内有幼兽在中央。北极狼群绕着这群动物转，试图迫使它们分散开以便隔离出那些年幼或身体衰弱的成员来。一头麝牛就足够北极狼维持好几天的生活。北极狼是狼族中唯一没有受到生存威胁的，它们偏远的栖息地使它们可以远离人类，而避免因人类威胁所带来的绝种危机。

第四纪冰川

第四纪冰川是地球史上最近一次大冰川期。在地质历史上曾经出现过气候寒冷的大规模冰川活动的时期，称为冰河期，简称冰期。这种冰期曾经有过三次，即震旦纪冰期、碳纪～二叠纪冰期和第四纪冰期。第四纪冰期来临的时候，地球的年平均气温曾经比现在低10℃～15℃，全球有1/3以上的大陆为冰雪覆盖，冰川面积达5200万平方千米，冰厚有1000米左右，海平面下降130米。第四纪冰期又分4个冰期和3个间冰期。间冰期时，气候转暖，海平面上升，大地又恢复了生机。冰川的发生是因为极地或高山地区沿地面运动的巨大冰体，由降落在雪线以上的大量积雪，在重力和巨大压力下形成，冰川从源头处得到大量的冰补给，而这些冰融化得很慢，冰川本身就发育得又宽又深，往下流到高温处，冰补给少了，冰川也愈来愈小，直到冰的融化量和上游的补给量互相抵消。第四纪时欧洲阿尔卑斯山山岳冰川至少有5次扩张。现代冰川覆盖总面积约为1630万平方千米，占地球陆地总面积的11%。我国的现代冰川主要分布于喜马拉雅山（北坡）、昆仑山、天山、祁连山、冈底斯山和横断山脉的一些高峰区，总面积约5700平方公里。

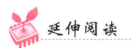 延伸阅读

北极群岛

北极群岛是加拿大北冰洋沿岸众多岛屿所组成的岛屿群，南起大陆北缘，北至埃尔斯米尔岛。群岛有平原、低地、高原和山脉。山脉、高地和高原由花岗岩和片麻岩构成；也有褶皱沉积岩；低地和平原的下层是石灰岩、砂岩和页岩。巴芬岛、德文岛和埃尔斯米尔岛的东海岸都是山岭和高地，形成隆起的东部边缘，逐步向西低落，一直到西北边缘的北极海岸平原。最高点是埃尔斯米尔岛上的巴尔博峰，海拔约为2600米。群岛每年11月至第二年的4月天气最冷，最低气温达到–57°C。夏季通常温度在7°C以下，偶尔也有高到21°C的时候。5月融雪，7月开冻，8、9月份南部海峡可以通航。动物有北极狐、狼、貂、北极熊、驯鹿、麝牛等。

博拉—博拉岛

　　博拉—博拉岛位于南太平洋玻利尼西亚社会群岛，是一个充满诗情画意的热带岛屿。这里有炫目的海滩、摇曳多姿的椰林和静谧的蓝色潟湖。人们把这个美丽而浪漫的岛屿称为"太平洋上的明珠"、"距天堂最近的地方"、"梦之岛"。博拉—博拉岛陆地面积 38 平方千米，人口 2580，由中部主要岛和周围一系列小岛组成。第二次世界大战期间曾是美国海军、空军基地，是社会群岛最美丽的岛屿之一。

博拉—博拉岛

　　最早来到岛上定居的是玻利尼西亚人，大约在 1100 多年前。1722 年，荷兰探险家洛基文发现了这座岛屿，成为到达该岛的第一个欧洲人。英国探险家库克船长于 1777 年驶入港内停泊。他把此岛称为博拉－博拉（寓意新生、诞生）。此岛于 1985 年成为法属玻利尼西亚的一部分。

　　300 多万年前，博拉—博拉岛从海中升起，成为一座巨大的火山，周围生长着一圈珊瑚。珊瑚虫从热带浅海吸收钙质，生成石灰外壳，逐渐形成珊瑚礁。随着海底板块冷却，火山开始下沉，但珊瑚礁继续上长，形成了岛中心周围的珊瑚环礁和中间的潟湖。随着时间的推移，火山将完全沉没，只留下珊瑚环礁围绕着潟湖。

　　在法属玻利尼西亚社会群岛的背风群岛中央便是出奇宁谧的博拉—博拉岛。在博拉—博拉岛上闪耀着银光的海滩背倚着椰林、青翠的丘陵和耀眼的木槿，再往里是晶莹清澈的潟湖。东来的信风带来阵阵清新的气流，使这一热带地区的气温处在 24℃～28℃。

珊瑚环礁只有一个通航入口，当地人称为莫图斯，使得这个潟湖成为一个天然的港口。博拉—博拉主岛的面积是直布罗陀的两倍，另外两个小岛图普阿和图普阿伊蒂都是火山口侵蚀形成的。两座峻峭的山峰雄踞博拉—博拉岛上，分别是海拔660米的帕希亚山和海拔725米的奥特曼努山。奥特曼努山曾经是一座火山。在火山喷发毁去其山顶之前，它曾隆起于海底之上达5400米。这座长期熄灭的死火山如今覆盖着茂密的绿色森林。玻利尼西亚人早在1100多年前就在岛上定居，并在此修建了几座庙宇。

 **知识点**

珊　瑚

珊瑚是珊瑚虫分泌出的外壳，珊瑚的化学成分主要为碳酸钙，以微晶方解石集合体形式存在，成分中还有一定数量的有机质，形态多呈树枝状，上面有纵条纹，每个单体珊瑚横断面有同心圆状和放射状条纹，颜色常呈白色，也有少量蓝色和黑色，珊瑚不仅形象像树枝，颜色鲜艳美丽，可以做装饰品，并且还有很高的药用价值。

 **延伸阅读**

南太平洋

南太平洋是太平洋南部的海域，大约在赤道以南到南纬60°的海域。南纬60°到南极的水域都被归入南冰洋的范围，分布有斐济、汤加等国家。南太平洋并不是汪洋一片，而是有星罗棋布的小岛屿。由于南太平洋位于环太平洋板块的南部，所以在板块边沿都有很多火山岛，主要集中在西南太平洋。这些火山岛在数万年间的人类迁徙过程中，都有人类居住，繁衍成为今日在南太平洋地区的"太平洋文化圈"。

DIQIU GHUANGZAO DE QIYI ZIRAN FENGGUANG

瓦尔德斯半岛

瓦尔德斯半岛位于阿根廷巴塔哥尼亚地区丘布特省东北部沿海，濒临大西洋，有大量鲸、海豹和企鹅出没。这里是全球海洋哺乳动物资源的重点保护区，是濒危的南部鲸的庇护地，也是南美海象、海豹和海狮繁衍生息的理想场所。瓦尔德斯半岛全境都在丘布特省的自然保护区内，半岛90%以上都是高原地形，其余为倾斜的海滩和悬崖。多少个世纪以来，海水的侵蚀使这里的海岸形成了一个斜坡。突出的半岛与南部的陆地几乎交接，形成了一个圆形的平静海湾，为海洋野生动物和海鸟提供了一个天然庇护所。

瓦尔德斯半岛内海拔最低处低于海平面35米，最高处海拔仅100米。瓦尔德斯半岛由一系列的海湾、悬崖、海岸以及岛屿组成。半岛的海岸线长达400千米。瓦尔德斯半岛东端是包含一些小岛的长达35千米的瓦尔德斯海湾。岛内气候湿润，年降水量在240毫米左右。岛内冬季平均气温为0℃~15℃，夏季平均气温在15℃~35℃，一年之中最热的月份是2月。

瓦尔德斯半岛是非常重要而有意义的天然动物栖息地。这个地区一些临危物种的资源保护具有突出的全球性价值。瓦尔德斯半岛是大量哺乳动物和海鸟的避难所。这些动物在岛内广阔的水域内可以找到丰富的食物，并能寻到良好的地方来建巢搭穴。在这里，鲸可以在干净的水域里交配产仔。1990年有1200头鲸光顾过瓦尔德斯半岛。而且统计数字表明，到半岛水域的鲸以每年7%的速度递增。按此速度，现今半岛水域内的鲸大约有2700头。每年的8月末到10月初是海豹交配繁殖的季节，10月份的第一周是海豹繁衍的高峰期。瓦尔德斯半岛是阿根廷最北的海豹繁育基地，世界上其他的海豹栖息地主要位于南极洲的一些岛屿上。瓦尔德斯半岛同时也是海狮的重要栖息地。半岛水域的其他哺乳动物有食肉动物逆戟鲸。尽管它们有时也捕食海狮、海豹，但仍以食海鱼和鱿鱼为主。逆戟鲸采用一种特殊的捕食方法，它常常搁浅在浅滩中，然后张大嘴靠近猎物，静等其上钩。

岛内的陆生哺乳动物有骆马，它们在岛内随处可见。其他的陆生哺乳动物还有巴塔哥尼亚野兔和阿根廷灰狐。瓦尔德斯半岛内的鸟类种类繁多，达181 种，其中 66 种是候鸟。岛内的海鸟居住在 12 个栖息地中，企鹅是岛内最大的动物家族，有大约 4 万多个活动的巢穴分布在岛内的 5 个栖息地。第二大家族是海鸥，有 6000 多个活动巢穴。其他生活在这里的鸟类有鸬鹚、大白鹭、黑冠苍鹭和普通燕鸥等。对于在海滩生活的候鸟来说，滩涂和潟湖是最重要的栖息地。

每年 6~7 月份是南半球的冬季，生活在南极大陆周围海域的巨鲸纷纷北上避寒，瓦尔德斯半岛上的皮拉米德海湾是它们选择的最佳越冬地。抹香鲸是世界上现存的 11 种大型鲸之一。黑色的身躯，只是在腹部有些许白斑。与其他海洋哺乳动物不同，抹香鲸雌性比雄性个头大，身长 13~16 米，重 35吨；雄性一般长 12 米，重 30 吨，目前已经濒临灭绝。全世界仅存 4000~5000 头，其中约 1/5 在瓦尔德斯半岛附近越冬繁殖，因此这里成为独一无二的抹香鲸观赏地。瓦尔德斯半岛观赏抹香鲸时间很长，5 月至 12 月都可以看到，以 9、10 两个月最多。每到观鲸季节，成群结队的巨鲸掠过湛蓝的海面，有的头顶喷出两道水柱，形成 V 形，那是它们在呼吸；还有的突然腾空而起，跃出水面；有的拍打数米长的巨鳍，发出巨响。

DIQIU GHUANGZAO DE QIYI ZIRAN FENGGUANG

瓦尔德斯半岛海域里的鲸鱼

瓦尔德斯半岛海域还有另外一种鲸类出没，那就是逆戟鲸。它们的特点是黑背白肚皮，背鳍上有很大的白斑。与其他鲸类不同的是，逆戟鲸的牙齿没有退化成须状，保留着锋利的牙齿。逆戟鲸2~4月和10~11月间在瓦尔德斯半岛海域出现。它们长8~9.5米，重5~9吨。强有力的尾鳍产生向前的动力，胸鳍则保持身体平衡与前进方向。逆戟鲸有一个绰号叫"杀人鲸"，这是因为它们不仅吃鱼类，也吃其他哺乳类动物，海龟、企鹅也是它们的佳肴。

　　距瓦尔德斯半岛约100千米的海岸边，有一个凸出的陆角，叫作"童破角"。站在海滩高处放眼望去到处都是企鹅，有的结队蹒跚而行，有的在树荫下闭目养神，有的在海中游水嬉戏。在方圆50千米内，栖居着几百万只麦哲伦企鹅。它们比南极企鹅形体小，立时约30~40厘米。同样是白肚皮黑脊背，但脖子上多了一个白环，看上去比南极企鹅还要漂亮。

知识点

自然保护区

　　自然保护区是指对有代表性的自然生态系统、珍稀濒危野生生物种群的天然生长地集中分布区、有特殊意义的自然遗迹等保护对象所在的陆地、陆地水体或者海域，依法划出一定面积予以特殊保护和管理的区域。自然保护区是一个泛称，实际上，由于建立的目的、要求和本身所具备的条件不同，而有多种类型。按照保护的主要对象来划分，自然保护区可以分为生态系统类型保护区、生物物种保护区和自然遗迹保护区3类；按照保护区的性质来划分，自然保护区可以分为科研保护区、国家公园（即风景名胜区）、管理区和资源管理保护区4类。不管保护区的类型如何，其总体要求是以保护为主，在不影响保护的前提下，把科学研究、教育、生产和旅游等活动有机地结合起来，使它的生态、社会和经济效益都得到充分展示。

延伸阅读

半岛上的象海豹

瓦尔德斯半岛西面的海滩上有成千上万的象海豹。这种珍奇的海兽体长可达 6 米，重量可达 3.5 吨，是鳍脚动物中最大的一种。有趣的是，象海豹的鼻子可自由伸缩，它的双眼由于没有眼皮，风沙袭来，泪流满面，像是在痛哭流涕。虽然它体躯庞大、相貌丑陋，但性情却十分温和。游人靠近匍匐在海滩上的象海豹时，它唯一的自卫措施是大声吼叫，把身子弯成弓形，笨拙而迟缓地爬向大海。

巴芬岛和巴芬湾

巴芬湾位于北大西洋西部格陵兰岛与巴芬岛之间。从戴维斯海峡到内尔斯海峡，南北 1450 千米，面积 68 900 平方千米。海湾中央是巴芬凹地，深达 2100 米，海底呈椭圆形，四周为格陵兰和加拿大大陆架。

1615 年，英国航海家巴芬航行到此，于是人们就用巴芬的名字来命名这个海湾。巴芬岛为加拿大第一大岛，世界第五大岛，是加拿大北极群岛的组成部分，东隔巴芬湾和戴维斯海峡，与世界第一大岛——格陵兰岛遥遥相对，长 1500 千米，最大宽度 800 千米，面积 50 多万平方千米。

巴芬湾海峡出口处有暗礁。除中心凹地外，北部水深 240 米，南部水深约 700 米。海底多为陆源沉积，如灰棕色的淤泥石子、石砾和沙砾。这里气候寒冷，夏天多南风和西北风，冬天格陵兰岛的东风为这里带来暴风雪。1 月份南部平均温度 -20℃，北部平均气温 -28℃。有记录的最低气温为 -43℃。7 月份海岸平均温度 7℃。格陵兰沿海年降水量在 100 ~ 250 毫米，而巴芬岛沿海要多 1 倍。海流以逆时针方向流动，西格陵兰海流通过戴维斯海峡每年注入 99 万立方米海水，从北边海峡流入的北冰洋水流沿巴芬岛汇入大西洋。西格陵兰暖流紧挨着格陵兰海岸，从迪斯科岛流到格陵兰的图勒海面，再向西南与寒流混合。海湾中央覆盖着厚冰层，但是在北部由于西格陵兰暖流的影响，实际上从不封冻，形成"北方水道"。海湾上的冰山大部分都是冰川冲入海中断裂而成。最大的冰山有 70 米高，水下有 400 米深。

从北冰洋流入巴芬湾的海水含盐度达 30‰ ~ 32.7‰，底层水盐分较高。海潮的搅动使上层海水增加营养盐，并使下层海水增加溶解于水中的氧。盐分的溶解和暖流的增温有利于生物生长。

海藻的繁殖为细小的无脊椎动物（如著名的磷虾）提供了食料，无脊椎动物又是较大生物的食品。鱼类有北极比目鱼、北极鳕鱼等；海兽有海豹、海象、海豚和鲸；海岸上栖息着大群海鸥、海鸭、天鹅、雪鸮和海鹰；岸边植物有 400 种之多，如桦、柳、桤以及低等喜盐植物和草丛、青苔、地衣等；动物有啮齿类、北美驯鹿、北极熊和北极狐。当地因纽特人以传统方法捕鱼狩猎。

巴芬岛呈西北—东南走向。其地质构造是加拿大地质的延续，地形以花岗岩、片麻岩构成的山地高原为主，海拔 1500 ~ 2000 米，最高处达 2060 米，呈东高西低之势。山脊纵贯岛的东部，上面覆有冰川。中西部福克斯湾沿岸为低地，海岸线曲折，多峡湾。巴芬岛大部分位于北极圈内，有极昼与极夜现象，冬季严寒漫长，夏季凉爽，自然景观为极地苔原。岛上绝大部分地区无人居住，沿岸局部地区有因纽特人的小部落，他们以渔猎为生。岛南部的弗罗比舍贝是全岛行政中心、毛皮货站，这里建有机场。坎伯兰半岛建有奥尤伊图克国家公园。北部有铁矿。岛上建有空军基地、气象站和雷达观测站。

巴芬岛的苔原上有一种珍稀动物，它就是北极狐。北极狐属犬科，额面狭，吻尖，耳圆，尾毛蓬松，尖端白色。北极狐主要有两种类型：白狐和蓝狐。北极狐是北极苔原上真正的主人，它们不仅世世代代居住在这里，而且除了人类之外，几乎没有什么天敌。北极狐最主要的食物是旅鼠。当遇到旅鼠时，北极狐会极其准确地跳起来，然后猛扑过去，将旅鼠按在地上，吞食掉。北极狐的数量是随旅鼠数量的波动而波动的，通常情况下，旅鼠大量死亡的低峰年，正是北极狐数量的高峰年。为了生计，北极狐开始远走他乡，这时候，狐群会莫名其妙地流行一种疾病"疯舞病"。北极狐身披既长又软且厚的绒毛，即使气温降到－45℃，它们仍然可以生活得很舒服。因此，它们能在北极严酷的环境中世代生存下去。尽管人们对它自身并无好感，但深知北极狐皮毛的价值和妙用。达官显贵、腰缠万贯的人们以身着狐皮大衣而荣耀万分，风光无限。狐皮品质也有好坏之分，越往北，狐皮的毛质越好，毛更加柔软，价值更高。因此，北极狐自然成了人们竞相猎捕的目标。

海 峡

　　海峡是指两块陆地之间连接两个海或洋的较狭窄的水道。它一般深度较大，水流较急。海峡内的海水温度、盐度、水色、透明度等水文要素的垂直和水平方向的变化较大。底质多为坚硬的岩石或沙砾，细小的沉积物较少。海峡的地理位置特别重要，不仅是交通要道、航运枢纽，而且往往是兵家必争之地。因此，人们常把它称之为"海上走廊"、"黄金水道"。据统计，全世界共有海峡1000多个，其中适宜于航行的海峡约有130多个，交通较繁忙或较重要的有40多个。

　　根据海峡水域同沿岸国家的关系，海峡分为：

　　1. 内海海峡，位于领海基线以内，系沿岸国的内水，航行制度由沿岸国自行制定，如中国的琼州海峡。

　　2. 领海海峡，宽度在两岸领海宽度以内者，通常允许外国船舶享有无害通过权。如海峡两岸分属两国，通常其疆界线通过海峡的中心航道，其航行制度由沿岸国协商决定；如系国际通航海峡，则适用过境通行制度。

　　3. 非领海海峡，宽度大于两岸的领海宽度，在位于领海以外的海峡水域中，一切船舶均可自由通过。

延伸阅读

巴芬湾的命名

1616 年 5 月，英国"发现号"探测船起航探测北大西洋，船长是罗伯特·拜洛特。他的主舵手是年轻而有经验的领航员威廉·巴芬。他们两人和船上 17 名船员率"发现号"去探寻西北通道，沿戴维斯海峡东岸（格陵兰西岸）北上，先后发现了格陵兰的梅尔维尔湾和赫依斯半岛。接着，又完成了环绕巴芬湾的航行，8 月底回到英国。巴芬带回了绘制的巴芬湾一带的比较详细和准确的地图，并以探航的赞助人的名字命名了出入巴芬湾北部的那三个海峡。因为船长的名字并没有历史书籍实体记载，最终巴芬湾依照威廉·巴芬的名字被命名。

扎沃多夫斯基岛

扎沃多夫斯基岛是南桑威奇群岛的一个小岛。南桑威奇群岛是大自然独一无二的作品。火山喷发将岛屿浇铸成型，冰风骇浪将它们锤炼打磨。只有海鸟和海豹能在这里找到庇护所。1775 年，詹姆斯·库克船长寻找传说中的南部大陆时发现了这片群岛。面对"浓雾、暴雪、严寒和能让航行陷入危难的一切"，他很快厌倦了这里，毫不遗憾地把南桑威奇群岛永远抛在了身后。

不过，近些年来，南桑威奇群岛却因"浓雾、暴雪、严寒"以及成群的海鸟而闻名于世。南桑威奇群岛中最著名的就是扎沃多夫斯基岛了。扎沃多夫斯基岛宽不到 6 千米，东距南极半岛北端 1800 千米。这里是南大西洋上的一个偏远宁静的小岛，每年有几个月，一群群企鹅蜂拥来到岛上，喧闹声震耳欲聋。企鹅是南极动物中的"绅士"，大多分布在南极半岛北部及其周围群岛附近。虽然它们在陆地上行动笨拙，但在水中却灵活自如。生活在扎沃多夫斯基岛上的企鹅主要为纹颊企鹅。

扎沃多夫斯基岛是世界上最大的企鹅栖息地。它们来这里是有理由的。这是一座活火山，火山口和烟洞喷发出来的热量使冰雪无法在山坡上堆积，于是这些企鹅产卵的时间也比那些生活在遥远南方的企鹅产卵的时间要早一些。这些企鹅可以把卵产在光秃秃的地面上，所以它们都愿意顶着惊涛骇浪来到这里就没什么奇怪的了。

扎沃多夫斯基岛上的企鹅群

企鹅是适应潜水生活的鸟类，企鹅的身体结构为适应潜水生活而发生很大改变，其翅退化成潜水时极有用的鳍状翅。企鹅的骨骼也不像其他鸟的骨骼那样轻，而是沉重不充气的。同其他飞翔能力退化的鸟类不同，企鹅胸骨发达而有龙骨突起。相应地，企鹅的胸肌很发达，它们的鳍翅因而可以很有力地划水。企鹅的体型是完美的流线型，跟海豚非常相似。它们的后肢只有三个脚趾发达，"大拇指"退化，趾间生有适于划水的蹼，游泳时，企鹅的脚是当作舵使用的。企鹅的羽毛跟其他鸟类不同，羽轴偏宽，羽片狭窄，羽毛均匀而致密地着生在体表，如同鳞片一样。这样的身体结构，使企鹅潜水游泳时划一次水便能游得很远，耗费的能量很少，效率自然很高。

据科学家们观察，企鹅的游泳速度可以达到每小时10～15千米，在水下可以潜游半分钟而再换气。它们还常常在水中跳跃，因此很多人把企鹅说成是"在水中飞行的鸟"。企鹅在逃避天敌时，常常跳出水面，每次跳出水面可在空中"滑翔"一米多。有时它们会跳上浮冰躲避天敌。据化石资料记载，企鹅在始新世时（距今大约5000多万年前）种类繁多。当时，全球气候温暖，南极洲有茂密的森林，动物资源十分丰富。随着气候逐渐变冷，企鹅的种类渐渐变少，有的已经绝迹。

世界上的企鹅有20多种，大都分布在南半球的亚南极地带，一年中多数时间生活在岛礁、海滩或海冰处。而生活在南极的企鹅有7种：帝企鹅、王企鹅、阿德利企鹅、巴布亚（金土）企鹅、帽带企鹅、皇企鹅、喜石企鹅。南极企鹅被喻为南极的象征，是真正的"南极土著居民"。它们共同的特征是，温文尔雅，绅士风度十足，"训练"有素，既能直立行走，又能在冰盖上匍匐爬行，喜在沿海岛礁岩石上筑巢繁殖，严格一夫一妻制，每年产1～2枚。企鹅喜群居栖息，少则数百只，多达十多万只，成为数量可观的大企鹅群，是生物学家特别感兴趣的研究课题，也是旅游观光的绝妙景点。南极企鹅主要以南极磷虾为食，鱼类和鱿鱼也是其美味佳肴之一，而它又是南大洋中海豹和虎鲸的主要食物，在南极生物链中占据着重要的一环。

亚南极地区

在南极辐合带外围地区分布着许多小岛或群岛。虽然它们与南极环境有着密切关系，但本身又具有独特的气候、生物和海洋特征，形成一个独立的生态系统，这些地区被称作亚南极地区。其中最重要的在大西洋一侧有南乔治亚岛、南桑威奇群岛、特里斯坦－达库尼亚群岛及布韦岛；在印度洋一侧有爱德华王子群岛、克罗泽群岛、凯尔盖朗群岛、阿姆斯特丹岛、圣保罗岛、麦克唐纳群岛及赫德群岛；在太平洋一侧有麦夸里岛、奥克兰群岛、坎贝尔岛、安蒂波迪斯群岛和邦蒂群岛。

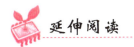
延伸阅读

南极磷虾

南极磷虾长约 5 厘米，体透明，有红褐斑。幼体发育有 9 期。雄虾约 22 个月成熟，雌虾约 25 个月。产卵期 5 个半月，产在深约 225 米（740 英尺）处；幼体取食微生物，随着发育而渐移到表层。由于磷虾数量多，营养丰富，被生态学家认为是人类潜在的食物来源，尤其它可提供大量维生素 A。

南极有着丰富的磷虾资源，磷虾主要生活在距南极大陆不远的南大洋中，尤其在威德尔海的磷虾更为密集。有意思的是，有时磷虾集体洄游竟形成长、宽达数百米的队伍，每立方米水中有 3 万多只磷虾，从而使得海水也为之变色：在白天海面呈现一片浅褐色；夜里则出现一片荧光。

峡谷沙漠篇

　　深度大于宽度、谷坡陡峻的谷地称之为峡谷，地球上的峡谷有很多很多，它们都静静地躺在地球的各个角落，虽然它们是悄无声息的，但它们拥有的壮丽深邃之美却无时无刻不在向外界展示着，它们身上的美千差万别，千姿百态，各有风情，它们在努力地装扮着地球，为这个星球的美丽献出它们的力量。

　　虽然沙漠有着"生命禁区"的称号，但它们同样拥有别样的美丽，非洲的撒哈拉大沙漠、澳洲的岩塔沙漠、我国的塔克拉玛干沙漠都是世界上鼎鼎有名的大沙漠，它们的辽阔、粗犷，它们所营造的别样美丽同样令我们叹为观止。实际上，沙漠并不是"生命禁区"的代名词，在沙漠里，同样活跃着很多生物，这些沙漠生物以它们特有的坚韧特有的生存方式在沙漠里繁衍生息，它们也是沙漠之美的重要组成部分。

 东非大裂谷

　　东非大裂谷是世界大陆上最大的断裂带，从卫星照片上看去犹如一道巨大的伤疤。当乘飞机越过浩瀚的印度洋，进入东非大陆的赤道上空时，从舷窗向下俯视，地面上有一条硕大无朋的"刀痕"呈现在眼前，顿时让人产生一种惊异而神奇的感觉，这就是著名的"东非大裂谷"，亦称"东非大峡谷"。

由于这条大裂谷在地理上已经实际超过东非的范围，一直延伸到死海地区，因此也有人将其称为"非洲—阿拉伯裂谷系统"。

那么，这条"伤痕"是怎样形成的呢？在1000多万年前，地壳的断裂作用形成了这一巨大的陷落带。板块构造学说认为，这里是陆块分离的地方，即非洲东部正好处于地幔物质上升流动强烈的地带。在上升流作用下，东非地壳抬升形成高原，上升流向两侧相反方向的分散作用使地壳脆弱部分张裂、断陷而成为裂谷带。张裂的平均速度为每年 2～4 厘米，这一作用至今一直持续不断地进行着，裂谷带仍在不断地向两侧扩展着。有关地理学家甚至预言，未来非洲大陆将沿裂谷断裂成两个大陆板块。

东非大裂谷

东非大裂谷底部是一片开阔的原野，20 多个狭长的湖泊，有如一串串晶莹的蓝宝石，散落在谷地。中部的纳瓦沙湖和纳库鲁湖是鸟类等动物的栖息之地，也是重要的游览区和野生动物保护区，其中的纳瓦沙湖湖面海拔 1900 米，是裂谷内最高的湖。

东非大裂谷还是一座巨型的天然蓄水池，非洲大部分湖泊都集中在这里，大大小小 20 多个，例如阿贝湖、沙拉湖、图尔卡纳湖、马加迪湖、维多利亚湖、基奥加湖等，属陆地局部凹陷而成的湖泊，湖水较浅。马拉维湖、坦噶尼喀湖等这些湖泊呈长条状展开，顺裂谷带串成串珠状，成为东非高原上的一大美景。

这些裂谷带的湖泊，水色湛蓝，辽阔浩荡，千变万化，不仅是旅游观光的胜地，而且湖区水量丰富，湖滨土地肥沃，植被茂盛，野生动物众多，大象、河马、非洲狮、犀牛、羚羊、狐狼、红鹤、秃鹫等都在这里栖息。坦桑尼亚、肯尼亚等国政府，已将这些地方辟为野生动物园或者野生动物自然保护区，比如，位于肯尼亚峡谷省省会纳库鲁近郊的纳库鲁湖，是一个鸟类资源丰富的湖泊，共有鸟类 400 多种，是肯尼亚重点保护的国家公园。在众多的鸟类之中，有一种名叫弗拉明哥（火烈鸟）的鸟，被称为世界上最漂亮的鸟，一般情况下，有 5 万多只火烈鸟聚集在湖区，最多时可达到 15 万多只。当成千上万只鸟儿在湖面上飞翔或者在湖畔栖息时，远远望去，一片红霞，十分好看。

有许多人在没有见到东非大裂谷之前，凭他们的想象认为，那里一定是一条狭长、黑暗、阴森、恐怖的断涧，其间荒草漫漫，怪石嶙峋，杳无人烟。其实，当你来到裂谷之处，展现在眼前的完全是另外一番景象：远处，茂密的原始森林覆盖着连绵的群峰，山坡上长满了盛开着紫红色、淡黄色花朵的仙人掌、仙人球；近处，草原广袤，翠绿的灌木丛散落其间，野草青青，花香阵阵，草原深处的几处湖水波光闪闪，山水之间，白云飘荡。裂谷底部，平平整整，坦坦荡荡，牧草丰美，林木葱茏，生机盎然。

知识点

板　块

　　板块是板块构造学说所提出来的概念。板块构造学说认为，岩石圈并非整体一块，而是分裂成许多块，这些大块岩石称为板块。板块之中还有次一级的小板块。科学家将全球地壳划分为六大板块：太平洋板块、亚欧板块、非洲板块、美洲板块、印度洋板块（包括澳洲）和南极板块。其中除太平洋板块几乎全为海洋外，其余五个板块既包括大陆又包括海洋。

 延伸阅读

东非大裂谷是人类的发源地之一

东非大裂谷是人类文明最古老的发源地之一，20 世纪 50 年代末期，在东非大裂谷东支的西侧、坦桑尼亚北部的奥杜韦谷地，发现了史前人的头骨化石，据测定分析，生存年代距今足有 200 万年。1972 年，在裂谷北段的图尔卡纳湖畔，发掘出一具生存年代已经有 290 万年的头骨，经研究认为是已经完成从猿到人过渡阶段的典型的"能人"化石。1975 年，在坦桑尼亚与肯尼亚交界处的裂谷地带，发现了距今已经有 350 万年的"能人"遗骨，并在硬化的火山灰烬层中发现了一段延续 22 米的"能人"足印。这说明，早在 350 万年以前，大裂谷地区已经出现能够直立行走的人，属于人类最早的成员。

雅鲁藏布江大峡谷

雅鲁藏布江大峡谷位于"世界屋脊"青藏高原之上，平均海拔 3000 米以上，险峻幽深，侵蚀下切达 5382 米，从高山冰雪带到低河谷热带季风雨林等九个垂直自然带，是世界山地垂直自然带最齐全、最完整的地方。雅鲁藏布江大峡谷的基本特点可以用 10 个字来概括：高、壮、深、润、幽、长、险、低、奇、秀。

雅鲁藏布江大峡谷地区及其周边地区，地质上归属东喜马拉雅构造结，

DIQIU GHUANGZAO DE QIYI ZIRAN FENGGUANG

雅鲁藏布江大峡谷

与西喜马拉雅构造结相对应，是印度大陆楔入欧亚大陆最强烈的部位。大峡谷地处强烈的地壳活动中心，是适应构造发育的构造弯、构造谷。大峡谷所在地区正是印度板块向欧亚板块俯冲碰撞的中心地带，东侧又受到太平洋板块的抵挡，因此大峡谷随构造转折而拐弯。目前已在大峡谷中发现多处来自地壳深处的基性、超基性岩体，证明板块缝合线构造的确存在。地质资料显示，大峡谷内侧的南迦巴瓦峰裸露的中深度变质岩系，经铷锶等时线法测定，其绝对年龄值为 7.49 亿年，这是迄今为止所测得的我国喜马拉雅山一侧地层的最老年龄值，相当于前寒武纪，与古老的印度台地地质年龄值相仿，它表明地质上这里是古老印度板块北伸的一部分。

雅鲁藏布江大峡谷两侧，壁立高耸着南迦巴瓦峰（海拔 7782 米）和加拉白垒峰（海拔 7234 米）。其山峰皆为强烈的上升断块，巍峨挺拔，直入云端。峰岭上冰川悬垂，云雾缭绕，气象万千。从空中或从西兴拉等山口鸟瞰大峡谷，在东喜马拉雅山无数雪峰和碧绿的群山之中，雅鲁藏布江硬是切出一条陡峭的峡谷，穿越高山屏障，围绕南迦巴瓦峰形成奇特的大拐弯，南泻注入印度洋，其壮丽奇特无与伦比。在南迦巴瓦峰与加拉白垒峰间的雅鲁藏布江大峡谷最深处达 5382 米，围绕南迦巴瓦峰核心河段，平均深度也约有 5000 米，其深度远远超过深 2000 多米的科罗拉多大峡谷、深 3200 米的科尔卡大峡谷和深 4403 米的喀利根德格大峡谷。

　　雅鲁藏布江大峡谷林木茂盛。由于地势险峻、交通不便、人烟稀少，而且许多河段根本没有人烟，加上大峡谷云遮雾罩、神秘莫测，所以环境特别幽静。雅鲁藏布江大峡谷以连续的峡谷绕过南迦巴瓦峰，长达 496.3 千米，比号称世界"最长"的大峡谷——科罗拉多大峡谷还长 56 千米。雅鲁藏布江大峡谷中许多河段两岸岩石壁立，根本无法通行，所以至今还无人全程徒步穿越峡谷。

　　整个大峡谷的自然景观可以用"雅鲁藏布江大峡谷秀甲天下"概括。谓其秀甲天下，主要是指无论在秀的广度、深度和力度上都独领风骚。大峡谷的秀还有其深远和雄伟的内涵。例如大峡谷之水，从固态的万年冰雪到沸腾的温泉，从涓涓溪流、帘帘飞瀑直至滔滔江水，固态、液态、气态变幻无穷。而从力度来看加拉白垒峰，数百米的飞瀑每秒 16 米的流速、每秒 4425 立方米的流量，甚为壮观。再如大峡谷之间，从遍布热带季风雨的低山一直到高入云天的皑皑雪山无一不秀；茫茫的林海及耸入云端的雪峰给人的感受更如神来之笔。

　　雅鲁藏布大峡谷不仅地貌景观异常奇特，而且还具有独特的水汽通道作用。在这条水汽通道上，年降水量为 500 毫米的等值线可达北纬 32°附近。而在这条水汽通道西侧，500 毫米降水量等值线的最北端仅为北纬 27°左右，两者相差 5 个纬距。这就意味着，由于这条水汽通道的作用，可以把等值的降水带向北推进 5 个纬距之多。水汽通道还使大峡谷地区的雨季提早到来。一般来说，西藏地区喜马拉雅山脉北侧的雨季在 6 月末到 7 月初开始，而沿这条水汽通道，雨季都在 5 月或 5 月之前开始，比通道两侧提早 1～2 个月。

 **知识点**

垂直自然带

　　垂直自然带是指随海拔高度增高形成的自然带。山地自然环境比低平地区复杂，所以山地垂直自然带比水平自然带复杂得多。例如我国东部山地，夏季因气流来自东南方向，所以南坡降水量多于北坡，以致南北坡相同海拔水热状况却不相同，所以南北坡垂直自然带有明显差异。同是一个山地，南北坡坡麓可以分属不同的气候带和自然带。例如，我国秦岭南坡坡麓属于亚热带常绿阔叶林带，北坡坡麓则属于暖温带落叶阔叶林带。

延伸阅读

雅鲁藏布江大峡谷生物资源

雅鲁藏布江大峡谷地区是西藏自治区生物资源最为丰富的地方，约有3500多种维管束植物，其中有利用价值的经济植物不下千种，具体可分为：药用植物、油料植物、纤维植物等。大峡谷地区茂密的森林及高山灌丛草甸栖息着种类繁多的动物，其中不少是国家重点保护的珍稀动物。如皮毛动物：水獭、石貂、云豹、雪豹、白鼬、豹猫和小熊猫；药用动物：马麝、黑熊、穿山甲、鼯鼠、蛇晰、银环蛇、眼镜王蛇；观赏动物：长尾叶猴、棕颈犀鸟、红胸角雉、红腹角难、大绯胸鹦鹉、蓝喉太阳鸟、火尾太阳鸟、红嘴相思鸟、白腹锦鸡、藏马鸣、黑颈鹤、蟒蛇和羚羊等。

科罗拉多大峡谷

世界闻名的科罗拉多大峡谷位于美国亚利桑那州科罗拉多高原上，为世界七大自然奇观之一。大峡谷的平均深度超过1500米。大峡谷分割了科罗拉多河，是世界上最壮观的峡谷。

科罗拉多峡谷的壮观景色举世无双。大峡谷大体呈东西走向，东起科罗拉多河汇入处，西到内华达州界附近的格兰德瓦什崖附近，形状极不规则，蜿蜒曲折，迂回盘旋。峡谷顶宽在 6000～30 000 米，往下收缩成 V 形。两岸北高南低，最大谷深 1500 多米，谷底水面宽度不足千米，最窄处仅 120 米。大峡谷的南、北两岸因中间有水相隔，气候差异很大。南岸的大部分地区海拔 1800～2000 米，而北岸比南岸高 400～600 米。南岸年平均降水量仅为 382 毫米，北岸则高达 685 毫米左右。

大峡谷栖息着约 70 种哺乳动物、40 种两栖和爬行动物、230 种鸟类。如珍稀的白头鹰、美洲隼、大蜥蜴等，这里还有世界上绝无仅有的凯巴布松鼠、玫瑰色响尾蛇。上千种植物分布在大峡谷上下，呈现明显的垂直分布。从谷底的亚热带仙人掌、半荒漠灌木，向上依次更替为温带和亚寒带的桧

科罗拉多大峡谷

树、橡树、松树、云杉和冷杉林。由于河谷地层在结构、硬度上的差异，千百年河水的冲刷，在长长的峡谷间，谷壁地层断面节理清晰，层层叠叠，就像万卷诗书构成的图案，缘山起伏，循谷延伸。

科罗拉多大峡谷被列入《世界自然遗产名录》的最重要原因在于其地质学意义：保存完好并充分暴露的岩层，从谷底向上整齐地排列着北美大陆从远古代到新生代不同地质时期的岩石，并含有丰富的具有代表性的生物化石，俨然是一部"地质史教科书"，记录了北美大陆的沧桑巨变和生物演化进程。

根据地质学家的研究，造就出大峡谷景观如此惊心动魄的主要原因基本上是沉积、抬升和侵蚀三种地质过程，经过亿万年的交替作用而成的。从古生代早期的寒武纪至 3.6 亿年前的泥盆纪时期，这一地区处于长期的稳定状态。当时此地位于大陆板块边缘的凹陷部分，上面覆着一层浅海，从陆地流下的冲积物在此沉淀。此后，或大或小规模的抬升和沉积作用交替进行，直至 6500 万年前，急遽加速的造山运动开始，并持续了数百万年之久。这里整

个地区从此被抬升至海平面上，形成了今天的科罗拉多高原。到了新生代中期，约2000多万年前，地壳板块运动又再度活跃，高原被抬升得更高，河流侵蚀力量相对加剧，切割高原并塑造了各式各样的地形景观，渐渐形成了今日大峡谷的雏形。

科罗拉多大峡谷最窄处不过120余米。

大峡谷的岩石包括砂岩、页岩、石灰岩、板岩和火山岩。自谷底向上，从几十亿年前的古老花岗岩、片麻岩到近期各个地质时代的岩层（最年轻的火山喷出岩形成时间仅1000年），都清晰地以水平层次出露在外。这些岩石质地不一，各岩层不仅硬度不同，且色彩各异，颜色随着一年中不同季节里植被、气候条件的变化而变化。甚至在同一天里，大峡谷的岩石也会因时间的不同呈现出不同的景色：黎明初升的太阳使远方的岩壁闪耀着金银色光彩，而日落时晚霞把裸露的岩层映衬得像火焰一般。傍晚从大峡谷南岸望去，夕阳把大峡谷染成了橘红色，岩石在阳光照耀下变幻莫测；在月光下，两侧岩壁呈白色，衬着靛蓝色的阴影，十分醒目。所有这些，确实构成了一幅雄奇壮观的自然画卷。由于科罗拉多高原气候干燥，化学作用极为微弱，故岩石的原始色泽得以保持完好。

寒武纪

寒武纪是地质年代名词，是古生代的第一个纪，开始于距今5.42亿年，延续时间约为5300多万年。它可区分为三个时期：始寒武纪、中寒武纪、后寒武纪。寒武纪是现代生物的开始阶段，是地球上现代生命开始出现、发展的时期。在寒武纪开始后的短短数百万年时间里，包括现生动物几乎所有类群祖先在内的大量多细胞生物突然出现，这一爆发式的生物演化事件被称为"寒武纪生命大爆炸"。带壳、具骨骼的海洋无脊椎动物趋向繁荣，它们属底栖生活，以微小的海藻和有机质颗粒为食物，其中，最繁盛的是节肢动物三叶虫，故寒武纪又称为"三叶虫时代"，其次是腕足动物、古杯动物、棘皮动物和腹足动物，寒武纪的生物形态奇特，和我们现在地球上所能看见的生物极不相同。

延伸阅读

科罗拉多高原

科罗拉多高原是美国唯一的一个沙漠高原，位于美国西南部，地势高峻，海拔2000～3000米，面积约30多万平方公里。东起科罗拉多州和新墨西哥州的西部，西迄内华达州的南部，科罗拉多河贯穿整个高原。经科罗拉多河及其支流的冲蚀，科罗拉多高原形成多条深邃的峡谷，其中以科罗拉多大峡谷最著名。科罗拉多高原气候干旱，年降水量250～500毫米，植被以干草原和半荒漠占优势，较高处有针叶林。交通不便，经济落后。经济以牧业为主，兼有采矿业与林业，建有多处国家公园、国家纪念地和国有林区。

死 谷

死谷是一条贯穿美国加利福尼亚州东南部的深沙漠槽沟，是北美洲最低、最干燥、最炎热的地区，长225千米，宽8～24千米。阿马戈萨河从南部流入，包括巴德瓦特小池，这里最低处低于海平面86米。以前死谷是拓荒移民的一大障碍，因而得名"死谷"。

死谷形成约在300多万年前，起因是由于地球重力将地壳压碎成巨大的岩块而致，当时部分岩块突起成山，部分倾斜成谷。直至冰河时代，排山倒海的湖水灌入较低的地势，淹没了整个盆底，又经过几百万年火焰般的日晒，这个远古世纪遗留下来的大盐湖终于干涸而尽。如今展露在大自然中的死谷，只是一层层泥浆与岩盐层的堆积。

美国死谷

死谷的最低点在海平面下 86 米，是北美洲最低处。这条深沟位于内华达山脉雨影区，由于沟底低陷，加上周围屏障，这个本来就很干旱炎热的地区成了阳光焦点。但以前这儿的气候比现在湿润得多。证据俯拾皆是：死谷两侧的沟壑是由洪流冲刷而成；冲积扇是从周围山峰上冲刷下来的沉积物；沉淀在谷底的盐分是原来湖水蒸发后留下的；在魔鬼高尔夫球场的盐块则饱经风雨侵蚀，因而形成嶙峋的尖峰。

而现在，死谷的自然条件极其恶劣。降水也很稀少，平均年降水量仅为 42 毫米，最多的年份也只有 114 毫米。谷底部有干涸的阿马戈萨河床，沙丘遍地，乱石嶙峋。谷中央是一片 155 平方千米的沙丘群，是谷底最荒凉的地方。尽管环境恶劣，死谷却绝非毫无生机。谷内植物很少，仅在一些沼泽的边缘有一些耐盐碱的盐渍草、灯心草等。其中有一种开白花的岩生稀有植物，茎叶长满茸毛，抵挡干燥的风。人迹罕至的特殊环境对动物来说却是难得的繁衍之地。美洲狮、野山羊、大袋鼠、狐狸、眼镜蛇等 26 种动物在这里栖息，另有 14 种鸟类在山上筑巢。大角羊仅靠一点点水就能生存；响尾蛇能够"跳跃"式前进，以避免身体接触炽热的地面。

死谷腹地虽然荒凉，其周围景色却别具一格。死一般的沉寂，鬼斧神工的自然奇观使它仍不失为"美国一景"。内华达山脉东麓与谷地融汇处沟壑纵横、怪石林立，月色朦胧中更显得阴森恐怖。沿谷地边缘，山峰林立，而这些山峰的自然风貌又各不相同，白天在阳光照射下五光十色，非常美丽。这里成为死谷地区最能吸引游人的地方，被人们称为"画家的调色盘"。死谷因它那独特的奇景于 1933 年被美国辟为国家风景区，并建立了死谷国家公园，成为人们冬季避寒的休养地。

死谷中的自然奇观很多，最吸引人的地方要算"会走路的石头"。这些石头竖立在龟裂的干盐湖地面上。干盐湖长达 5000 米，名为"跑道"。石头大小不一，外观平凡，奇怪的是每一块都在地面上拖着长长的凹痕，有的笔直，有的弯曲或呈"之"字形。这些痕迹看来是石头在干盐湖地面上自行移动造成的，有些长达数百米。石头怎么会移动呢？有人说是超自然力量在作怪，有人说与不明飞行物体有关，有人则认为是自然现象。

加州理工学院的地质学教授夏普经过 7 年研究，发现石头移动是风雨的作用：石头移动方向与盛行风方向一致，这是有力的佐证。干盐湖每年平均雨量很少超过 50 毫米，但是即使微量雨水也会形成潮湿的薄膜，使坚硬的黏土变得滑溜。这时，只要附近山间吹来一阵强风，就足以使石头沿着湿滑的泥面滑动，速度可高达每秒 1 米。这些"会走路的石头"使"跑道"成为旅游胜地。

知识点

雨影区

雨影区是指山脉的背风面降雨量较少的地区。因盛行风向变化不大，潮湿气流受高山阻挡，被迫抬升致雨降落于迎风面，使气流中水汽大大减少，翻山后下沉增温，造成背风面地区少雨。这与高耸物体遮住灯光，背后出现阴影相似，因此称为雨影区。如喜马拉雅山与雅鲁藏布江之间和康托山以西的狭长地带，被称为喜马拉雅山北麓雨影区。还有澳大利亚的墨累－达令盆地也属于雨影区。

延伸阅读

死谷国家公园

死谷国家公园占地约 13 650 平方千米，主要部分位于加利福尼亚州境内。公园的东北界基本上与内华达州的州界相一致。公园的西面是因约国家森林和因约山脉，西南是帕纳明特谷和斯莱特岭。死谷最初于 1933 年被定为国家纪念地，1994 年被定为国家公园。公园里有几种独特的地形。5 个沙丘区中包括高 205 米的尤里卡沙丘（加利福尼亚州最高的沙丘）。公园北部有数个火山口，如阿比赫比火山口，深 215 米、宽 800 米。在雷斯特拉克干荒盆地留有一些重达 320 千克的石块以难以理解的方式滑过平坦地区时的痕迹。其他景点包括斯科蒂堡，这是芝加哥商人约翰逊在 1920 年建造的一幢豪宅。艺术家路是一段 13 千米长的环路，穿行在山峰和峡谷间。主要的游客中心位于公园中央地带，靠近弗尼斯克里克，有历史、地质和自然展览；另一游客中心位于内华达州比蒂。

 乌卢鲁

　　"乌卢鲁"位于澳大利亚北部地区，总面积 1325 平方千米，是当地人对艾雅斯巨石的尊称，意为"庇难及和平的地方"。这里以奇特的岩石组合闻名于世，在地质学家的眼里，它代表了特殊的构造和侵蚀过程，属于国家级公园，同时也被澳大利亚遗产委员会注册为国家财产之一。1987 年和 1994 年，联合国教科文组织将它作为自然和文化遗产，列入《世界遗产名录》。

艾雅斯巨石

那里荒原的空灵，天空的蔚蓝，空气的干燥，以及谜一样的岩画，成为悠久岁月和严酷沙漠环境创造的大自然的杰作，使观赏者产生了用语言无法描述的震撼！

　　乌卢鲁最著名的景观是艾雅斯巨石和奥尔加岩山。艾雅斯巨石是世界上最大的单体岩石，是澳大利亚的象

征，所代表的是这个国家的远古历史。这里的地层大约形成于 6 亿年前，起先是海底堆积的沙砾变成了岩石，随后由于地壳的变动，岩石逐渐开始垂直倾斜。在漫长的时间里，它逐渐风化成为一座岩石山，就像一座沙海中的孤岛。数千年来，对于居住在这个地区的澳大利亚土著人来讲，巨石永远是一个神圣的地方。1985 年开始，艾雅斯巨石（以当时南澳大利亚总理亨利·艾雅斯爵士的名字命名）作为乌卢鲁国家公园的一部分，归还给澳大利亚土著人看管。艾雅斯巨石体积巨大，游客在 100 千米外都可以望见。这块巨石高 348 米，底部周长 9000 米，巨石的东部宽高，西部低狭，外表圆滑光亮，寸草不生。

艾雅斯巨石最令人惊奇的地方在于它不停地变换色彩。早晨，随着天际露出一丝曙光，艾雅斯巨石开始明亮起来，由漆黑变成深紫，渐渐显出轮廓。太阳射出第一道光线后，这块岩石便迸发出绚丽的色彩，嫣紫绯红，而且各种颜色整日都在变化，由金黄、淡红转为深红、绯红、嫣紫……

乌卢鲁的洞窟里留下了古代安纳库人描绘的壁画，壁画表现的是流传在安纳库人中的"久库鲁巴"的故事。"久库鲁巴"是安纳库人传承下来的关于如何生存的法则，反映了安纳库人的宗教观和人生观，他们也将它深深地镌刻在乌卢鲁的岩石上。于是这个洞窟也是安纳库人的孩子们举行成人仪式

奥尔加山

的地方。

奥尔加山可以说是澳大利亚内陆沙漠上的另一奇景。从空中俯瞰，艾尔斯岩石这个庞然大物不过是茫茫红色沙漠中的一颗红色小石而已。它边上是高低起伏的卵圆形岩石，那就是奥尔加山，奥尔加山的盛名不在艾雅斯巨石之下。当地土著人管它叫"KATATJUTA"，就是"许多头颅"的意思，的的确确，从空中俯瞰，奥尔加山好像是一堆大大小小、形式各样的"头颅"，仔细数来，可知奥尔加山由28块圆形大岩石组成，有的连在一起，有的个别独立，最高峰约540米，如从地面算起，比艾尔斯岩石高190多米。岩面裂缝中多清水，因此各种野生植物和动物能生存于上，看上去比艾雅斯巨石更具活力。奥尔加山是由沉积岩构成的，由于组成岩石的物质比较软，又因为长期遭受风雨的侵蚀，岩石最终形成了现在的圆屋脊形状。据传，过去这里是土著人举行祭祀和舞蹈聚会的原始自然图腾之地。

澳大利亚瓶树

乌卢鲁虽很荒芜，生存环境严酷，却创造了生命奇迹，周围的生物种类多得惊人，居然有70多种爬行类、40多种哺乳类动物。当洪水季节到来，雨水沐浴这片神奇的土地之后，奇迹瞬间产生：野花遍地怒放，特别是各种百合花，遇水即开，分外妖娆，睡莲也会马上"醒来"……更为奇特的是，这里还生长着一种面包树，也叫澳大利亚瓶树。远远望去，这种形状奇特的树好像不是从地里长出来的，而是插在一个大肚子的花瓶里。瓶子似的大肚子树干直径可达几米，它把雨天多余的雨水贮存起来，干旱季节能慢慢享用，从而巧妙地度过缺水的季节。如果旅行的人一时找不到水源，可以用小刀在面包树的肚子上开挖一个小洞，水便汩汩流出，疲乏、干渴之苦便能迅速解除。更为奇特的是，乌卢鲁公园里生长着澳大利亚许多独特的动物，如袋鼠、鸸鹋等。在澳大利亚国徽图案中，左边是一只大袋鼠，右边是一只鸸鹋。罕见的动植物成为乌卢鲁一大奇观。

 知识点

风　化

　　这里所讲的风化是指使岩石发生破坏和改变的各种物理、化学和生物作用。一般可定义为在地表或接近地表的常温条件下，岩石在原地发生的崩解或蚀变。风化的过程十分复杂，通常是几种作用同时发生，造成岩石的崩解或分解。从概念出发，可简单地把风化分为物理（或机械）风化、化学风化和生物风化。

 延伸阅读

澳大利亚自然保护区

　　澳大利亚位于南半球的大洋洲，有丰富的自然景观和动植物资源。为保护自然景观和自然资源，澳大利亚采取了建立国家公园和自然保护区的有效方式。到20世纪末，全国有国家公园600多处，其中皇家公园是澳大利亚第一家公园，建立于1879年，是世界上第二个最早的国家公园，比美国的黄石国家公园晚建立6年。卡卡杜国家公园是澳大利亚最大的国家公园，面积达131.6万公顷，澳大利亚1/3的鸟类栖息在这里，品种达280种以上，这里有保存完好的2万年前的岩石壁画，为考古学、艺术史学以及人类史学提供了珍贵的研究资料。另外，澳大利亚还有自然保护区100多处，自然遗迹保

护地、古迹保护地、天然动物园等 277 处，受到保护的土地总面积达 1673 公顷，约占国土面积的 3%。

长江三峡

三峡是万里长江中一段壮丽的大峡谷，为中国十大风景名胜之一。它西起重庆市奉节县的白帝城，东至湖北省宜昌市的南津关，由瞿塘峡、巫峡、西陵峡组成，全长 192 千米。它是长江风光的精华，神州山水中的瑰宝。古往今来，闪耀着迷人的光彩。自古以来，人们传诵：西陵峡滩多险峻，巫峡幽深秀丽，瞿塘峡雄伟壮观。寥寥数语，概括描写了三峡的景色。

长江三峡

三峡有峡谷与宽谷之分，这和长江经过地区的岩性有关。峡谷多在石灰岩地区，其地岩层质地坚硬，抗蚀力较强，因而河流对两岸的侵蚀能力较弱，但垂直裂隙（指在岩层中由于地质作用而产生的裂缝）比较发育，河流便趁隙而入，集中力量向底部侵蚀。随着河床逐渐加深，两岸坡谷的岩层失去了平衡，就会沿着垂直裂隙崩落江中，形成悬崖峭壁。而当河流流经比较松软、抗蚀力也较差的砂岩和页岩等地区时，河流向两旁的侵蚀作用加强，便形成了宽谷。

瞿塘峡西起白帝城，东到大溪镇。峡长虽然只有8000米，顺流而下，瞬间即过，但却有"西控巴渝收万壑，东边荆楚压群山"的雄伟气势。两岸悬崖绝壁，群峰对峙，赤甲山巍立江北，白盐山耸立南岸，山势岌岌欲坠，峰峦几乎相接。每当晴空丽日，远眺赤甲、白盐，一如仙桃凌空，一如盐堆万仞，两山云游雾绕，时隐时现，乃瞿塘一奇观。

瞿塘峡

峡中江面最宽处一二百米，最窄处不过几十米。入峡处两山陡峭，绝壁相对，犹如雄伟的两扇大门，镇一江怒水，控川鄂咽喉，形势非常险要。正如唐代诗人杜甫所描写的那样："众水会涪万，瞿塘争一门"，故有"夔门天下雄"之赞。

若经过瞿塘峡，仰望千丈峰峦，只见云天一线，奇峰异石，千姿百态。俯视峡江，惊涛雷鸣，一泻千里，犹如万马奔腾，势不可当。

"瞿塘迤逦尽，巫峡峥嵘起。"从瞿塘峡经过一段山舒水缓的宽谷地带，便进入了奇峰绵延、峭壁夹岸、美如画廊的巫峡。巫峡因巫山得名，西起巫山县的大宁河口，东至湖北省巴东县的官渡口，全长45千米，整个峡谷奇峰峭壁，群峦叠嶂。船行其间，忽而大山当前，似乎江流受阻；忽而峰回路转，又是一水相通。咆哮的江流，不断变换着方向，忽左忽右，七弯八绕，令人

巫　峡

目不暇接。

　　幽深秀丽的巫峡，处处有景，景景相连，最为壮观的则是著名的巫山十二峰。这些山峰神态各异，有的若龙腾霄汉，有的似凤凰展翅，有的青翠如屏，有的彩云缠绕，有的常有飞鸟栖息于苍松之间。而其中神女峰则最令人神往。还有与巫峡相连的大宁河、香溪、神农溪，青山绿水，风景别致，充满山野情趣。

　　"十丈悬流万堆雪"的西陵峡，西起秭归县的香溪河口，东至宜昌市的南津关，全长76千米。这里峡中有峡，大峡套小峡；滩中有滩，大滩含小滩，滩多流急，以险著称。"西陵滩如竹节稠，滩滩都是鬼见愁。"昔日西陵有三大险滩，青滩、泄滩、崆岭滩。滩险处，漩洞流急，只有空船才能过去。一首民谣中唱道："脚踏石头手扒沙，当牛做马把船拉，一步一鞭一把泪，恨得要把天地咂。"今日，航道上的险滩经过整治，如今航船已日夜畅通无阻了。峡内从西向东依次有兵书宝剑峡、牛肝马肺峡、灯影峡、黄牛峡等。灯影峡一带，

西陵峡

不仅有掩映的飞瀑，还有奇特的石灰岩洞、神奇的传说故事，为西陵峡增添了奇妙的色彩。

 知识点

河 床

河床是指谷底部分河水经常流动的地方。河床由于受侧向侵蚀作用而弯曲，经常改变河道位置，所以河床底部冲积物复杂多变，一般来说山区河流河床底部大多为坚硬岩石或大颗砾岩石、卵石以及由于侧面侵蚀带来的大量的细小颗粒。平原区河流的河床一般是由河流自身堆积的细颗粒物质组成。按形态，河床可分为顺直河床、弯曲河床、汊河型河床、游荡型河床。其中汊河型河床河身有宽窄变化，窄处为单一河槽，宽段河槽中发育沙洲、心滩，水流被洲、滩分成两支或多支。汊河与沙洲的发展与消亡不断更替，洲岸时分时合。随主流线移动和冲刷，常伴生规模不等的岸崩，会危及河堤安全和造成重大灾害。

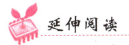 延伸阅读

大禹治水与疏浚三峡的传说

传说在五六千年以前，华夏大地发生了一次特大的水灾。滔天洪水包围了群山，淹没了平原，大地一片汪洋，人们只好栖身于山洞，或者在树上结巢而居。当时，正处于原始部落联盟时代，部落联盟的首领尧派鲧去治理这次洪水。鲧治水9年，他采取水来土挡、堵塞水路的办法，结果以失败告终。到了舜时代，舜又派鲧的儿子禹去治理洪水，还派了契（商族的祖先）、后稷（周族的祖先）、皋陶等人去协助他。禹总结了父亲鲧治水失败的教训，决定领导众人疏通江河，兴修沟渠，发展农业。他首先在汶山县的铁豹岭一带疏导岷江，整治好岷江后，禹又顺江东下到了江州（今重庆市）一带，娶涂山氏为妻，生了一个儿子取名启。后来，禹从江州东下来到了三峡，开始疏浚三峡的工程。禹先是凿开了堵塞江水的巫山，使长江之水能够顺畅东流。

DIQIU GHUANGZAO DE QIYI ZIRAN FENGGUANG

然后，他又凿开瞿塘峡"以通江"，开西陵峡内的"断江峡口"，在疏浚三峡时，禹还曾得到神女瑶姬的帮助。在神女的帮助下，经过禹和各部落人民的共同努力，终于凿通三峡，江河畅通，水流大海，湖泊疏浚，能蓄能耕。由于禹治水有功于人民，舜便推荐禹为自己的继承人，担任部落联盟的首领。对大禹疏浚三峡的传说，古人大多还是相信的。

虎跳峡

　　虎跳峡位于云南省中甸东南部，距中甸县城105千米。发源自青海各拉丹东雪山的金沙江江水被玉龙雪山、哈巴雪山所挟持，劈出了一个世界上最深、最窄、最险的大峡谷——虎跳峡。虎跳峡长18千米，落差200米左右，分上虎跳、中虎跳、下虎跳三段，共18处险滩。虎跳峡是世界著名大峡谷，以奇、险、雄、壮著称于世，两岸峭壁连天，像一扇敞开的巨形石门。

虎跳峡激流

上虎跳，是整个峡谷中最窄的一段。沿峡谷而行，越接近上虎跳峡谷越窄，江水的轰鸣声也越大。江面从100多米宽一下子收缩到30余米，顺畅的江面顿时变得拥挤不堪，江水冲击在江心如犬牙般参差的礁石上，卷起数米高的巨浪。江心中有一个13米高的巨石——虎跳石，如砥柱般直卧中流，把激流分为两股。江水猛烈冲击巨石，激起排空浪花。雨季时，江水浑浊如黄河水，水量巨大，虎跳石就会被完全淹没于波涛汹涌之中。

从上虎跳至中虎跳，江水落差近100米，暗礁密布，石乱水急，江水狂奔怒放，犹如一条狂暴翻腾的怒龙。从哈巴雪山的山坡上泻下汇集的雨水，形成一道道携泥裹沙的小瀑布，一直汇入金沙江。中虎跳在雨季时有塌方的危险。巨石横亘，有的地段甚至塌下了半个山头。山坡上常有碎石滚落，并带起腾腾烟尘，直坠江中。

中虎跳最有特点的景致是满天星和一线天。江水在这段峡中下跌了近百米，险滩上乱礁散布，激流在礁石间反复跳跃，如星石陨落江中，当地人称之为满天星。穿行于峡谷腹地，两侧雪山都是最高的主峰，在这里回望两头峡口，可见高峰深谷随江流弯曲把蓝天切成一线，令人有一种走至天边的感觉，这就是一线天。中虎跳之壮观比上虎跳有过之而无不及，江水滚滚而至，浊浪滔天，水花翻飞，雾气冲空，气势如金戈铁马，急泻如万兽狂奔。

下虎跳地势宽阔，近可看峡，远可观山。驻足于此，回眺玉龙、哈巴，只见峰巅皑皑白雪，堆银砌玉。下虎跳以"江水扑崖，倒流急转"为特色，有倒角滩、下虎跳石、上下簸箕等大滩。其中倒角滩长约2.5千米，落差35米，大小跌水20余处，峡谷多呈"之"字形急转弯，使江水直扑岸壁，掀起惊涛骇浪，倒流回来又急转直下，如脱缰野马狂哮远去。

下虎跳不远的崎岖山路上有一片平直、光滑的方形石板，这便是虎跳峡有名的险路"滑石板"。该石板宽约300余米，呈85°角从峡底伸到哈巴山腰，石面平整光滑，寸草不生。行人稍一失足，即会滑到江心。过去人们视此路为鬼门关。

峡 谷

　　峡谷是一种狭而深的河谷。两坡陡峭，横剖面呈"V"字形，多发育在新构造运动强烈的山区，由河流强烈下切而成。我国的雅鲁藏布江大峡谷是世界第一大峡谷，其长度为 504.9 公里，平均深度达 5000 多米；太阳系里最大的峡谷是位于火星赤道上的水手号峡谷。

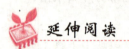

虎跳石的传说

　　相传很久以前，云南丽江统治者是个叫木老爷的人，木老爷富极一时，身边有不少能人才子。其中有一个擅长算命。一天，他替木老爷算命，他说木老爷生时大富大贵，但是死后却无棺材可用。木老爷十分吃惊，从此在他所要经过的任何地方，每隔十里地就放置一口棺材以和命运做抗争。一天，天气极好，木老爷心情极佳，于是骑着自己的坐骑——一头老虎，沿金沙江边走去。江水汹涌澎湃，江岸风景如画。木老爷骑着老虎到了一个较狭窄地段，老虎纵身一跃，往江中间的一块大石头上跳去。老虎着落了，人却没有和虎同时着落，而是早已掉入了滚滚江水中。如今，木老爷和他的老虎早已不知何处去，但是却为后人留下了虎跳峡、虎跳石这些充满想象的名字。

九寨沟

　　九寨沟位于四川省阿坝藏族羌族自治州境内，因沟内有盘信、彭布、故洼、盘亚、扎入等九个藏族村寨而得名。景区长 80 余千米，茫茫 6 万多公顷，大部分为森林所覆盖。曲折狭长的九寨沟山谷海拔超过 4800 米，因而形成了一系列狭长的圆锥状喀斯特熔岩地貌和壮观的瀑布，沟内现存 140 多种鸟类，还有许多濒临灭绝的动植物种，包括大熊猫和牛角羚。九寨沟分为日则、树正、则查洼三大沟，有长海、剑岩、诺日朗、树正、扎如、黑海六大景区，以明朗的高原风光为基调，以高峰、彩林、翠海、叠瀑和藏族风情"五绝"而驰名中外。九寨沟历来被当地藏民视为"神山圣水"，一石一木皆有灵性，沟内山、水、林、石无不是藏民所崇拜和保护的对象。东方人称九寨沟为"人间仙境"，西方人把它誉为"童话世界"。1978 年，九寨沟被列为国家自然保护区，1992 年被联合国教科文组织纳入《世界自然遗产名录》。

　　九寨沟是水的世界，水是九寨沟的精灵，湖、泉、瀑、溪、河、滩，连缀一体，飞动与静谧结合，刚柔相济，五颜六色，多姿多彩。

"诺日朗"瀑布

　　九寨沟是瀑布的王国，这里河道纵横，水流顺着呈台阶形成的河谷奔腾而下，构成数不清的瀑布。这里几乎所有的瀑布全都从密林里狂奔而出，有的细水涓涓，有的若玉带飘舞，有的似银河奔泻，这里的瀑布宽度或长度超过贵州黄果树瀑布的就有六条之多，其中象征九寨沟的"诺日朗"瀑布位于九寨沟中部，它是我国最宽的瀑布，宽320米，高20多米。"诺日朗"瀑布在高高的翠岩上急泻倾挂，银花四溅，水声隆隆，好似巨幅品帘凌空飞落，雄浑壮丽，不过，在九寨沟众多的瀑布群中，最为奇特的瀑布还属于珍珠滩瀑布。珍珠滩瀑布和珍珠滩相连，珍珠滩在一处峭壁上方，好似斜挂于天际，滩上被万年流水融成许多圆形坑洞，经急速的流水冲进又反弹出而形成许多飞舞的水珠，它们一排排、一串串、一层层，大的如皮球，小的如弹子，个个晶莹剔透，尤其是经阳光的照射，就像一颗颗带彩的珍珠。瀑面呈新月形，宽阔的水帘似拉开的巨大环形银幕，瀑声雷鸣，飞珠溅玉，气势磅礴。

珍珠滩瀑布

九寨沟另一大奇景是"海"，长海在海拔3000米以上，是九寨沟最高的湖泊，也是九寨沟所有湖泊中最大最深的。它南北长约8千米，东西宽约4.4千米，面积约200万平方米。

长海水面宽阔，地表没有出水口，但是，在夏秋暴雨时，长海的水从不漫流，冬春久旱时，也从不干涸。隆冬时节，冰冻厚达60厘米左右。五花海在九寨沟的中心地带，湖水终年碧蓝澄澈，明丽见底，而且随着关照变化，季节推移，呈现不同的色调与水韵。湖水的颜色神奇变幻，正如它的名字一样，时而呈现鹅黄，时而呈现墨绿，时而呈现赤褐，时而呈现绛红等，不过

长　海

最常见的是清澈晶莹的宝石蓝。这些色彩组成不规则的几何图形，相互浸染，斑驳陆离，如同抖开的一匹五色锦缎。缤纷的五花海，还是一座令人难解的海。20 世纪 90 年代，九寨沟地区遭受连年旱灾，五花海上游的熊猫海已经干涸，但是，五花海却依然湖水丰盈，不仅如此，更令人奇怪的是，地处高寒地区的九寨沟，每到冬季，其他的湖水都已经封冻，但五花海一年四季从不结冰，似乎感觉不到冬季的来临。

五花海

DIQIU CHUANGZAO DE QIYI ZIRAN FENGGUANG

知识点

河　谷

　　河谷是指河流流经的介于山丘间的长条状倾斜凹地。河谷是在流水侵蚀作用下形成与发展的：水流携带泥沙侵蚀使河谷下切；水流的侧蚀使谷坡剥蚀后退，包括谷坡上的片蚀、沟蚀、块体崩落；溯源侵蚀使河谷向上延伸，加长河谷。这三类侵蚀方式经常同时进行，只是不同时间、地段各有所不同。另外，河谷的发育受气候与构造的影响。

　　河谷内包括了各种类型的河谷地貌。从河谷横剖面看，可分为谷底和谷坡两部分。谷底包括河床、河漫滩；谷坡是河谷两侧的岸坡，常有河流阶地发育。谷坡与谷底的交界处称谷坡麓，谷坡与原始山坡或地面的交界处，称为谷肩或谷缘。从纵剖面看，上游河谷狭窄多瀑布，中游展宽，发育河漫滩、阶地，下游河床坡度较小，多形成曲流和汊河，河口形成三角洲或三角湾。

 **延伸阅读**

九寨沟的生物资源

　　九寨沟动植物资源丰富，种类繁多，是生物种资源的基因库。稀有和珍贵野生资源动物有17种，其中一类保护动物有大熊猫、牛角羚、金丝猴等；二类保护动物有毛冠鹿、白唇鹿、小熊猫、猕猴、林爵、红腹角锥、绿尾红锥、大天鹅等；三类保护动物有鬃羚、斑羚、碉羊、蓝马鸡、血锥等。植物资源也非常丰富，有高等植物2576种，其中国家保护植物24种；低等植物400余种，其中藻类植物有212种，首次在九寨沟发现的藻类达40余种。植被类型多样，隐藏着不同气候带的地带性植被类型，形态上原始的领春木、连香树、金连花独叶草等对于研究植物系统演化及植物区系的演变都有一定的科学价值。植物区系成分十分丰富，几乎包括了所有大的世界分区。许多古老、孑遗植物保存良好。单型属、少型属分别占植物总数的3.3%和13.73%。

黄龙沟

黄龙沟位于我国四川省阿坝藏族羌族自治州松潘县境内。整个风景名胜区总面积1340平方千米，其中黄龙风景区面积为700平方千米。这里平均海拔3100米，年平均气温5℃。在浅黄色的地表钙华堆积体上，八大彩池群层层叠叠，如巨龙的鳞甲闪耀着五色缤纷的波光；黄龙飞瀑的轰鸣与岩溶流泉的轻唱遥相呼应，构成了一首永不停息的交响乐。

黄龙沟风光

距今200万年以前，地球的造山运动使岷山山脉伴随着青藏高原一同快速隆起，黄龙沟也在这一期间形成了典型的冰川U形谷地。

黄龙地区属古生界和三叠纪以碳酸盐成分为主的地层，地质结构复杂。黄龙古寺南侧的望乡台断裂带是重要的地下水通道，富含碳酸氢钙的地下水通过深部循环在此出露，成为黄龙钙华堆积的源泉。这些水流经黄龙沟凸凹不平的河床，分布流速变化不均，加上树根、落叶的局部阻塞，在温度、压力、水动力等因素变化的影响下，水中的碳酸钙沉积下来，形成钙华塌陷、钙华滩流、钙华瀑布等独特的露天钙华堆积地貌。

这一地貌的形成和水生植物也有密切关系，科学家们称之为"生物喀斯特作用"。其原理主要由两方面组成：一是"光合作用"，水生植物在白天吸入水中的二氧化碳，产生氧气，使钙华沉积；二是"呼吸作用"，水生植物在夜晚吸入水中的氧气，产生二氧化碳，使钙华溶解。是否出现钙华沉积，则要看净光合作用（总光合作用与总呼吸作用之差）的大小。据实验，只有在一定低温（低于20℃）范围内，净光合作用才会达到最大值。由于黄龙地处高寒山区，在具备充足的钙华沉积物源的基础上，低温的环境和良好的植被便成为促进地表大量钙华堆积的主因。在黄龙沟的彩池、滩流和瀑布中，常常可以看到围绕和依附植物茎干和枝叶形成的钙华，这是生物喀斯特作用促进钙华沉积的典型例证。这种高山、高寒环境下形成的大规模钙华堆积地貌是世界上绝无仅有的景观，具有重要的科学价值和美学价值。

在相对高差达400余米的黄龙沟中，古冰川塑造的地貌经过长期的钙华沉积，形成了一系列似鱼鳞叠置的彩池群。巨大的水流沿沟谷漫溢，注入池子，层层跌落、穿林、越堤、滚滩，最后汇入涪江源流，形成一个完整的水文地质单元。八群彩池，规模不同，形态各异。"洗花池群"为进沟第一池群，洗花池群掩映在一片葱郁的密林之中。20多个彩池参差错落、排列有序，池水如明镜一般镶嵌在似金如银的钙华体上，彩光闪烁。位置最高的"浴玉池群"由693个彩池组成，面积21056平方米，是黄龙最大的一个彩池群。池埂低矮，池岸洁白，水平如镜，个个彩池宛如片片碧色玉盘。湖中的古木、老藤被钙华塑成一件件艺术珍品，有的似雄鹰展翅，有的似猛虎下山，有的似珊瑚林立，栩栩如生。冬天，在一片冰雪世界中，唯有这里，彩池仍如碧玉、翡翠一般，分外夺目。"争艳池群"的658个彩池中，池水呈现出各种不同的色彩，五光十色，争奇斗艳，是彩池中的佼佼者。

钙华滩流长2500米，宽100米，浅浅的流水在滩面滚流，一泻千米，阳光照射下，波光粼粼，晶莹透亮。涉足滩上，似有"千层之水脚下踏，万两黄金滚滚来"之感，使人惊叹大自然造景之神奇。黄龙瀑布规模虽不大，但它飞泻于黄色钙华坡上，流泻于彩池之间，更显得秀美多姿，别生情趣。黄龙洞内，酷似尊尊佛像的石钟乳似幻似真。位于巨型钙华瀑壁的"洗身洞"小巧玲珑，洞内石笋、石钟乳千姿百态，掩映在如纱似绢的瀑布之中。黄龙似一座巨大的象牙雕刻的碧海琼宫，其构景之精美、奇巧胜过能工巧匠。

 知识点

钙 华

钙华又叫石华，是指含碳酸氢钙的地热水接近和出露于地表时，因二氧化碳大量逸出而形成碳酸钙的化学沉淀物。钙华矿物成分主要为方解石和文石，质硬，致密，细晶质，块状，空心或实心球状，厚板或薄层，具纤维或同心圆状结构。钙华矿物以方解石最普遍，当结晶速度较快时，才能产出文石型钙华。如二氧化碳不大量逸出，则仅形成方解石。

 延伸阅读

黄龙沟丰富的生物资源

黄龙沟之所以被纳入"世界生物圈保护区"，其丰富的动植物资源可以说是起到了关键的作用。区内野生动物繁多，其中国家一级保护动物就有很多，比如：大熊猫、金丝猴、牛羚、云豹、绿尾红雉、斑尾榛；二级保护动物有：小熊猫、小灵猫、猞猁、兔狲等21种。另外，约1500余种原生植物构成了黄龙沟错落有致的植被层，使黄龙成了动植物共同的乐园及某些物种的庇护所。

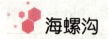

海螺沟

海螺沟位于我国四川省甘孜藏族自治州泸定县境内，是发源于贡嘎山主峰东坡的一条冰融河谷，以低海拔现代冰川、大冰瀑和温泉著称。海螺沟冰川长15千米左右，尾端伸入海拔2850米的原始森林区，是地球上同纬度海拔最低的一条现代冰川。海螺沟6000米以上的落差，形成了自然界独特的7个植被带、7个土壤带，荟萃了我国大多数的植物种类。海螺沟呈垂直分布的植被与冰川、温泉、原始森林共生，世所罕见，蔚为壮观。

海螺沟风光

海螺沟冰川生成于大约1600年前，地质学称其为现代冰川。独特的地质构造形成了壮观的地理布局和特别的植物分布。这里冰面河、冰面湖、冰下河、冰川城门洞、冰裂隙、冰阶梯、冰石蘑菇、巨大的冰川漂砾、冰川弧拱遍布峡谷，两侧高逾数百米的留有冰川擦痕的绝壁，还有黛绿色的原始森林等，形成唯冰川所有的独特景观。海螺沟冰川共有三条，其中1号冰川长14.7千米，为三条冰川中最长的，伸进森林线内6千米。这条冰川是亚洲同纬度冰川中海拔最低、面积最大的。2、3号冰川长度分别为4.8千米和4.2千米。在这冰天雪地的冰川世界里，有温泉点数十处。水温介于40℃～80℃，其中更有一股水温高达90℃的沸泉。海螺沟冷热集于一地，甚为神奇。

大冰瀑布位于海螺沟冰川的上部，是一个巨大的陡壁。大冰瀑布高1080米，宽500～1100米，是我国最高最大的冰瀑布。这个巨大无比的固体冰瀑，仿佛从蓝天直泻而下的一道银河，像顶天立地的巨大银屏，屹立在冰川上。

冰崩时，冰体间剧烈的撞击和摩擦会产生放电现象，一时间雪雾漫天，蓝光闪烁，声声如雷，震天撼地，动人心魄，勘称自然界一大奇观。

海螺沟独特的地理条件，使沟内高差达6000米左右，基于此，在沟内形成了明显的多层次的气候带、植被带和土壤带，将2500种从亚热带至寒带的野生植物集中在一个风景区内。从山谷的棕榈树、清翠的竹林到原始森林的参天古木、万花烂漫的大片野生杜鹃，直至高海拔的色彩缤纷的草本野花和地衣类植被都可在海螺沟内看到。

 知识点

冰面湖

简单理解，冰面湖就是在冰川表面形成的湖泊，在一些较大的冰川上，冰面湖是屡见不鲜的。冰面湖的形成主要有三种形式。一种是冰川上的冰下河道融蚀冰川，产生巨大的洞穴或隧道，洞穴顶部塌陷，便形成较深较大的长条形湖泊。一种是冰川低陷处积水，在夏季产生强烈的融蚀作用而形成的。另外，冰川周围嶙峋的角峰，经常不断地崩落下岩屑碎块。如果较大体积的岩块覆盖在冰川上，引起消融，就能生长成大小不等的冰蘑菇。如果崩落的岩块较小，在阳光下受热增温就会促进融化，结果岩块陷入冰中，形成圆筒状的冰杯。冰杯形成速度很快，在冰面上形成大大小小的积水潭，在夏天消融期间，冰面积水温度较高，因此积水的融蚀作用强烈，能把蜂窝状的冰杯逐渐融合一起，形成宽浅的冰面湖泊。

 延伸阅读

贡嘎山

贡嘎山是藏语，意思是"白色冰山"，也意为"最高雪山"，位于四川省

康定以南，是大雪山的主峰，海拔7556米，是四川省最高的山峰，被称为"蜀山之王"。周围有海拔6000米以上的山峰45座，主峰更耸立于群峰之巅。贡嘎山主峰由花岗闪长岩组成，受海洋季风影响，雪线海拔4600～4700米，冰川发育规模较大。在长期冰川作用下，山峰发育为锥状大角峰，周围绕以60°～70°的峭壁，攀登困难。

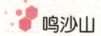

鸣沙山

鸣沙山月牙泉风景名胜区，位于甘肃省敦煌市城南5千米处。古往今来以"山泉共处，沙水共生"的奇妙景观著称于世，被誉为"塞外风光之一绝"。鸣沙山和月牙泉是大漠戈壁中一对孪生姐妹，"山以灵而故鸣，水以神而益秀"，人们无论从山顶鸟瞰，还是泉边畅游，都会骋目神往，确有"鸣沙山怡性，月牙泉洗心"之感。

鸣沙山因沙动成响而得名。山为流沙积成，沙分红、黄、绿、白、黑五色，汉代称沙角山，又名神沙山，晋代始称鸣沙山。鸣沙山东西绵亘约40千米，南北宽约20千米，主峰海拔1715米，沙垄相衔，盘桓回环。沙随足落，经宿复初，此种景观实属世界所罕见。

所谓鸣沙，并非自鸣，而是自然现象中的一种奇观，是在沙漠或者沙丘中，由于各种气候和地理因素的影响，造成以石英为主的细沙粒，因风吹震动，沙滑落或相互运动，众多沙粒在气流中旋转，表面空洞造成"空竹"效应而发生嗡嗡响声，有人将其誉为"天地间的奇响，自然中美妙的乐章"。当人从山巅顺陡立的沙坡下滑，流沙似金色群龙飞腾，鸣声随之而起，初如丝竹管弦，继若钟磬合鸣，进而金鼓齐响，轰鸣不绝于耳。

自古以来，由于不明鸣沙的原因，产生过不少动人的传说。相传，这里原本水草丰茂，有位汉代将军率军西征，一夜遭敌军偷袭。正当两军厮杀难解难分之际，大风骤起，刮起漫天黄沙，把两军人马全都埋入沙中，从此就有了鸣沙山。至今犹有沙鸣则是两军将士的厮杀之声的说法。

据《沙州图经》记载：鸣沙山"流动无定，俄然深谷为陵，高岩为谷，

鸣沙山

峰危似削，孤烟如画，夕疑无地"。这段文字描述了鸣沙山形状多变，是由流沙造成的。鸣沙山东西南北纵横的山体，宛如两条沙臂张伸围护着鸣沙山麓的月牙泉。

月牙泉处于鸣沙山环抱之中，其形酷似一弯新月而得名，古称沙井，俗名药泉，自汉朝起即为"敦煌八景"之一，得名"月泉晓彻"。月牙泉南北长近100米，东西宽约25米，泉水东深西浅，最深处约5米，一弯清泉，涟漪萦回，碧如翡翠。泉在流沙中，干旱不枯竭，风吹沙不落，蔚为奇观。历代文人学士对这一独特的山泉地貌、沙漠奇观称赞不已。

流沙与泉水之间仅数十米，但虽遇烈风而泉不被流沙所湮没，地处戈壁而泉水则不浊不涸。历来水火不能相容，沙漠、清泉难以共存，但是月牙泉就像一弯新月落在黄沙之中。泉水清凉澄明，味美甘甜，在沙山的怀抱中娴静地躺了几千年，虽常常受到狂风凶沙的袭击，却依然碧波荡漾，水声潺潺。它的神奇之处就是流沙永远填埋不住清泉。月牙泉，梦一般的谜，在茫茫大漠中有此一泉，在黑风黄沙中有此一水，在满目荒凉中有此一景，深得天地之韵律，造化之神奇，令人神醉情驰。

石 英

　　石英是一种无机矿物质，又叫硅石，主要成分是二氧化硅，常含有少量杂质成分，为半透明或不透明的晶体，一般为乳白色，质地坚硬。石英是一种物理性质和化学性质均十分稳定的矿物质，晶体属三方晶系的氧化物矿物。石英的用途相当广泛。远在石器时代，人们用它制作石斧、石箭等简单的生产工具。现代工业中，石英熔融后制成的玻璃，可用于制作光学仪器、眼镜、玻璃管和其他产品，还可以做精密仪器的轴承、研磨材料、玻璃陶瓷等工业原料。

月牙泉的故事

　　关于月牙泉、鸣沙山的形成，当地流传着这样一个故事：从前，这里没有鸣沙山也没有月牙泉，而有一座雷音寺。有一年四月初八寺里举行一年一度的浴佛节，善男信女都在寺里烧香敬佛，顶礼膜拜。当佛事活动进行到"洒圣水"时，住持方丈端出一碗雷音寺祖传圣水，放在寺庙门前。忽听一位术士大声挑战，要与住持方丈斗法比高低。只见术士挥剑作法，口中念念有词，霎时间，天昏地暗，狂风大作，黄沙铺天盖地而来，把雷音寺埋在沙底。奇怪的是寺庙门前那碗圣水却安然无恙，术士又使出浑身法术往碗内填沙，但无论如何，碗内始终进不去一颗沙粒。直至碗周围形成一座沙山，圣水碗还是安然如故，洁净如初。术士无奈，只好悻悻离去。刚走了几步，忽听轰隆一声，那碗圣水半边倾斜变化成一弯清泉，术士变成一滩黑色顽石。原来这碗圣水本是佛祖释迦牟尼赐予雷音寺住持，世代相传，专为人们消病除灾的，故称"圣水"。由于这个术士作孽残害生灵，佛祖便显灵惩罚，使碗倾泉涌，形成了月牙泉。

 罗布泊

罗布泊在新疆若羌县境内东北部，位于塔里木盆地东部，地处古代丝绸之路的要冲，为古代东西交通必经之地，沿岸至今还保存不少古迹。罗布泊曾是我国第二大内陆河，海拔 780 米，面积 2400～3000 平方千米。罗布泊曾有过许多名称，有的因它的特点而命名，如坳泽、盐泽、涸海等，有的因它的位置而得名，如蒲昌海、牢兰海、孔雀海等。

古罗布泊形成于第三纪末第四纪初，距今已有 200 万年的历史，在新构造运动影响下，湖盆地自南向北倾斜抬升，分割成几块洼地。现在的罗布泊是位于北面最低、最大的一个洼地，曾经是塔里木盆地的积水中心。古代发源于天山、昆仑山和阿尔金山的河流，源源注入罗布泊洼地形成湖泊。

泛指的罗布泊为罗布泊荒漠地区，东起玉门关，西至若羌至库尔勒的沙漠公路，北起库鲁克塔格山山脉，南至阿尔金山脚下，跨越了新疆和甘肃两省区地界。由于人们习惯使用泛指的罗布泊概念，离开库尔勒数千米的戈壁就被列入罗布泊范围了。狭义的罗布泊指该地区于 20 世纪 70 年代干涸的中国最大的漂移湖，位于该地区中心位置，也是最低洼地区。现虽为干涸湖盆，湖底面积仍有 1200 多平方千米，呈椭圆形，因为逐年干涸，形似大耳朵。

遍布罗布泊地区的雅丹，亦称雅尔当，原是罗布泊地区维吾尔人对险峻山丘的称呼。19 世纪末至 20 世纪初，瑞典人斯文·海定和英国人斯坦因，先后来罗布泊地区考察，在他们的撰文中提到"雅丹"一词，于是雅丹便成为世界地理工作者和考古学家通用的地形术语。

在当地古老的传说中，往往把雅丹称作"龙城"，因罗布泊周围发育着典型的雅丹地形，似龙像城而得名。相传遥远的年代，罗布泊附近有个国家，百姓们衣不遮体，食不果腹，而国王却花天酒地。玉皇大帝得知此事，便扮作和尚下凡"化缘"。昏庸无道的国王仅施舍给了他一点盐巴。玉皇大帝大怒，调来盐泽水，淹没了这个国家，水退后出现了"龙城"。元代，意大利

罗布泊风光

旅行家马可·波罗来过罗布泊地区，他在记文中写道："沿途尽是沙山沙谷，无食可觅，行人夜中骑行，则闻鬼语。"每当月白风清之夜，宿营"龙城"中，颇觉眼前景物，不是古城，胜似古城。分布在罗布泊荒漠北部的风蚀土堆群，面积达2600多平方千米。由于罗布泊地区常年风多风大，天长日久，土台星罗棋布。土台变幻出各种姿态，时而像一支庞大的舰队，时而又像无数条鲸在沙海中翻动腾舞，时而又像座座楼台亭阁，时而又像古城寨堡。置身于扑朔迷离、深邃的土台群中，满目皆是神秘、奇特、怪异的"亭台楼阁"，使人浮想联翩，流连忘返。

罗布泊被称为游移湖或交替湖。事实上，所谓罗布泊游移，只是塔里木河尾端位置的变动，湖盆本身并不游移。在封闭性的内陆盆地平原地区，河流下游经常自然改道。改道后的河流终点形成新湖泊，旧湖泊则逐渐干涸，成为盐泽。地质构造上，塔里木盆地东端是凹陷区，整个凹陷可称为罗布泊洼地，罗布泊湖盆就在这个洼地上。塔里木河以罗布泊洼地为最后归宿。罗布泊形成可能始于上新世或更新世初。以后东侧地壳上升，湖水向西移动，湖盆东侧遗留下数条痕迹。湖水虽随地势变化而移动，但并未越出湖盆范围，故游移之说并不恰当。另外，罗布泊洼地古来即为人烟稀少地区，新湖泊形成后，无法随时命以固定的新名，而均沿用老湖名。实际上，汉唐以来的古书中均将塔里木河终点形成的湖泊，称为蒲昌海、盐泽或牢兰海；17 世纪以来则称罗布淖尔或罗布泊。上述情况说明，罗布泊并非湖泊本身游移或交替，而为老名新用或地名搬家。

 **知识点**

内 陆 河

内流河又称内陆河，指不能流入海洋、只能流入内陆湖或在内陆消失的河流。这类河流的年平均流量一般较小，但因暴雨、融雪引发的洪峰却很大。内流河一般不长，部分内流河下游水流会逐渐消失，有的会注入湖泊，形成内流湖。但它们水一般比较咸，因为河流在流淌过程中，从河岸带走大量盐分，所以水比较咸。内流河多分布在降水稀少的半干旱和干旱地区，发育在封闭的山间高原、盆地和低地内，支流少而短小，绝大多数河流单独流入盆地，缺乏统一的大水系，水量少，多数为季节性的间歇河。内流河分布的区域称内流区域（或内流流域）。伏尔加河是世界第一长内流河。我国第一大内流河为塔里木河，曾注入罗布泊。

延伸阅读

丝绸之路

丝绸之路，简称丝路，是指西汉（公元前202年—公元8年）时，由张骞出使西域开辟的以长安（今西安）为起点，经甘肃、新疆，到中亚、西亚，并联结地中海各国的陆上通道。因为由这条路西运的货物中以我国丝绸制品的影响最大，故名丝绸之路。丝绸之路包括南道、中道和北道三条路线。通常所指的丝绸之路指的是欧亚北路的商路。这条商路以洛阳为起点，往西

一直延伸到罗马。

丝绸之路不仅是古代亚欧互通有无的商贸大道，还是促进亚欧各国和我国的友好往来、沟通东西方文化的友谊之路。

 魔鬼城

魔鬼城又称乌尔禾风城，位于我国新疆维吾尔自治区准噶尔盆地西北边缘的佳木斯河下游的乌尔禾矿区，西南距克拉玛依市 100 千米。这里有着罕见的形状怪异的风蚀地貌。当地蒙古人将此城称为"苏木哈克"，哈萨克人称为"沙依坦克尔西"，其意皆为魔鬼城。魔鬼城不仅因为它特殊的地貌形同魔鬼般狰狞，而且源于狂风刮过此地时发出的声音有如魔鬼般令人毛骨悚然，这种特殊的地质面貌就是雅丹地貌。

魔鬼城风光

新疆的魔鬼城有多处，大多处于戈壁荒滩或沙漠之中，其中较为著名的有四座，即乌尔禾魔鬼城、奇台魔鬼城、克孜尔魔鬼城、哈密魔鬼城。乌尔禾魔鬼城处在佳木河下游，正对着西北方由成吉思汗山与哈拉阿特山夹峙形成的峡谷风口，其神奇地貌是在间歇洪流冲刷和强劲风力吹蚀的共同作用下形成的。

远眺乌尔禾魔鬼城，宛若中世纪的一座古城堡，但见堡群林立，参差错落，给人以苍凉恐怖之感。魔鬼城是赭红与灰绿相间的白垩纪水平砂泥岩和遭流水侵蚀与风力旋磨、雕刻形成的各类风蚀地貌形态的组合，有平顶方山、块丘、石墙、石笋、石兽、石人、石鸟、石鱼、石龟、石巷、石堡、石殿、石亭、石蘑菇……形态万千，变化不一。

据考察，约一亿多年前的白垩纪时期，这里是一个巨大的淡水湖泊，湖岸生长着茂盛的植物，水中栖息着乌尔禾剑龙、蛇颈龙、准噶尔翼龙和其他远古动物。经过两次大的地壳变动后，湖泊变成了间夹着砂岩和泥板岩的陆地瀚海，地质学上称之为"戈壁台地"。20世纪60年代，地质工作者在这里发掘出一具完整的翼龙化石，从而使乌尔禾魔鬼城蜚声天下。

乌尔禾魔鬼城地区奇石种类丰富，而且蕴藏量极大，除有动植物化石外，还有结核石、彩石、风凌石、泥石、玛瑙石、戈壁玉、方解石、结晶石、水晶石等。其中，河卵石状的五色植物化石、砂岩结核石、石英质彩石等在全国都颇有名气，特别是五色玛瑙质植物化石、砂岩结核石在其他地方尚未发现，绝无仅有，具有很高的考古、观赏、收藏价值。在起伏的山坡地上，布满着血红、湛蓝、洁白、橙黄的各色石子，更给魔鬼城增添了几许神秘色彩。

千百万年来，由于风雨剥蚀，地面形成深浅不一的沟壑，裸露的石层被狂风雕琢得奇形怪状：有的呲牙咧嘴，状如怪兽；有的危台高耸，垛堞分明，形似古堡；这里似亭台楼阁，檐顶宛然，那里像宏伟宫殿，傲然挺立，真是千姿百态，令人浮想联翩。

新疆的魔鬼城实际上是一种雅丹地貌。雅丹地貌是一种典型的风蚀性地貌。"雅丹"在维吾尔语中的意思是"具有陡壁的小山包"。由于风的磨蚀作用，小山包的下部往往遭受较强的剥蚀作用，并逐渐形成向里凹的形态。如果小山包上部的岩层比较松散，在重力作用下就容易垮塌形成陡壁，形成雅丹地貌。这种地貌是由三叠纪、侏罗纪、白垩纪的各色沉积岩组成的，天长日久就形成了绚丽多彩、姿态万千的自然景观。

 知识点

风蚀地貌

风蚀地貌是风力吹蚀、磨蚀地表物质所形成的地表形态。我国沙漠地区的风蚀地貌，除被广大沙丘所埋没的以外，在大风区域还有广泛的

出露，特别是正对风口的迎风地段，发育更为典型。主要分布在柴达木盆地的西北部，塔里木盆地东端的罗布泊洼地以及准噶尔盆地的西北部等地。由于岩层的性质和形状等因素的影响，它们具有种种不同的形态，如石窝、石蘑菇、雅丹地貌等。

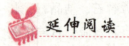

延伸阅读

魔鬼城传说

关于魔鬼城有一段神奇的传说：很久很久以前，这里原来是一座雄伟的城堡，城堡里的男人英俊健壮，城堡里的女人美丽而善良，城堡里的人们勤于劳作，过着丰衣足食的无忧生活。然而，伴随着财富的聚积，邪恶逐渐占据了人们的心灵。他们开始变得沉湎于玩乐与酒色，为了争夺财富，城里到处充斥着尔虞我诈与流血打斗，每个人的面孔都变得狰狞恐怖。天神为了唤起人们的良知，化作一个衣衫褴褛的乞丐来到城堡。天神告诉人们，是邪恶使他从一个富人变成乞丐，然而他的话并没有唤起人们的警醒，反而遭到了城堡里的人们的辱骂和嘲讽。天神一怒之下把这里变成了废墟，城堡里所有的人都被压在废墟之下。每到夜晚，亡魂便在城堡内哀鸣，希望天神能听到他们忏悔的声音。

五彩湾

五彩湾位于新疆吉木萨尔县城以北100余千米的古尔班通古特沙漠中，由五彩城、火烧山、化石沟组成。五彩湾地貌起伏，奇峰怪石众多。五彩湾不但风光雄奇，而且还是一座天然宝库，储藏着丰富的石油资源和大量的黄金、珍珠、玛瑙、石英等20多种矿产。在沙漠植被地带还栖居着野驴、石鸡等珍禽异兽。

五彩湾是受风力剥蚀、流水冲刷等自然力作用形成的一座座孤立的小丘。早在侏罗纪时代，这里沉积了很厚的煤层。由于地壳的强烈运动，地表凸起，那些煤层也随之出露地表。历经风蚀雨剥后，煤层表面的沙石被冲蚀殆尽。在阳光曝晒和雷电袭击的作用下，煤层大面积燃烧，形成了烧结岩堆积

五彩湾

的大小山丘，加上各个地质时期矿物质的含量不尽相同，这一带连绵的山丘便呈现出以赭红为主夹杂着黄白黑绿等多种色彩的绚丽景观。五彩湾的这些美丽的山包，其实不过是煤层燃烧后的一堆堆灰烬。

五彩湾是由沉积了各种鲜艳的湖相岩层的数十座五彩山丘组成，像一座座诡秘的古堡，故又称五彩城。粗略估计，面积有十几平方千米。五彩城随着一天中太阳光线和昼夜的变化，其色彩也随之变化，充满诗情画意。五彩城早、午、晚三个时段所展现的姿态各不相同，给人留下的感觉也是不一样的。

早晨，一轮红日从地面喷薄而出，射出一屏孔雀尾状的金辉，蓝宝石一样的天空飘浮着一朵朵羽绒般的彩云，此刻五彩城就像一个出浴的圣女，秀雅而多姿。几个高高耸起的山丘，裹扎着十几种不同的彩带伫立在晨曦之中。

中午的五彩城炽热如火，仿佛整个世界的阳光都聚集这里，山丘的色彩在阳光的威逼下变得淡化，仿佛一场熄灭了几万年的大火等待重新点燃。

黄昏，落日的余晖使那些本已淡化的色彩一下子强烈起来，五彩城也变得绚丽多彩。被晚霞描绘的天空就像一个温馨的彩罩，和五彩城融合在一起，使人恍若置身于美丽的梦境。

夜色下的五彩城安详而静谧，一览无余的星空下，五彩城浸润在一片如水的月光里，若隐若现的山头就像一片灰色的云烟，更增添了它的梦幻色彩。

化石沟是五彩湾的又一胜景，化石沟中分布着壮观的砖化木林、各种树木种子的化石、果实化石及各种动物化石。这是由于化石沟所在区原为汪洋大海，岸边是茂密的原始森林，后来地壳几经变迁，大片森林和其他动植物被深埋地下，变成化石后复出地表，便形成了今天化石沟的面貌。

知识点

侏罗纪

　　侏罗纪是一个地质时代，界于三叠纪和白垩纪之间，约 1.9960 亿年前（误差值为 60 万年）到 1.4550 亿年前（误差值为 400 万年）。侏罗纪的名称取自德国、法国、瑞士边界的侏罗山。

　　侏罗纪时发生过一些明显的地质、生物事件。超级陆块盘古大陆此时真正开始分裂，大陆地壳上的缝生成了大西洋，非洲开始从南美洲裂开，而印度则准备移向亚洲。恐龙成为陆地的统治者，翼龙类和鸟类出现，哺乳动物开始发展等等。裸子植物在此时发展到了极盛期，苏铁类和银杏类的发展达到了高峰，松柏类也占到很重要的地位。

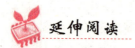延伸阅读

古尔班通古特沙漠

　　古尔班通古特沙漠位于新疆准噶尔盆地中央，玛纳斯河以东及乌伦古河以南，是我国第二大沙漠，同时也是我国面积最大的固定、半固定沙漠。古尔班通古特沙漠面积约有 488 万平方千米，海拔 300～600 米，水源较多。沙漠内植物种类约有百余种，以白梭梭、梭梭、苦艾蒿、白蒿、蛇麻黄、囊果苔草等为主。

岩塔沙漠

岩塔沙漠位于澳大利亚西部的西澳首府珀斯以北约 250 千米处，在临近澳大利亚西南海岸线的楠邦国家公园内。这片沙漠荒凉不毛，人迹罕至。沙漠中林立着无数塔状孤立的岩石，故而得名。形态各异的岩塔，遍布于茫茫的黄沙之中，景色壮观，使人感觉神秘而怪异。有人形容这种景象为"荒野的墓标"，让人感到世界末日的来临。这里地形崎岖，地面布满了石灰岩，只有越野汽车可驶到那里。

岩塔沙漠

暗灰色的岩塔高 1~5 米，矗立在平坦的沙面上。往沙漠腹地走去，岩塔的颜色由暗灰色逐渐变成金黄。有些岩塔大如房屋，有些则细如铅笔。岩塔数目成千上万，分布面积约 4 平方千米。

每个岩塔形状不同，有的表面比较平滑，有的像蜂窝，有的一簇岩塔酷似巨大的牛奶瓶散放在那里，等待送奶人前来收集；还有一簇名为"鬼影"，中间那根石柱状如死神，正在向四周的众鬼说教。其他岩塔的名字也都名如其形，但是不像"鬼影"那样令人毛骨悚然，例如叫"骆驼"、"大袋鼠"、

"白齿"、"门口"、"园墙"、"印第安酋长"或者"象足"等。虽然这些岩塔已有几万年的历史，但肯定是近代才从沙中露出来的。在 1956 年澳大利亚历史学家特纳发现它们之前，外界似乎对此一无所知，只是口头流传着。早期的荷兰移民曾经在这个地区见过一些他们认为是类似城市废墟的东西。

19 世纪，从来没有人提及过这些岩塔。如果它们露出地面，肯定会被牧人发现。因为他们经常在珀斯以南沿着海岸沙滩牧牛，附近的弗洛巴格弗莱托还是牧人常去休息和饮水的地方。

1837—1838 年，探险家格雷在其探险途中曾从这个地区附近经过。他每过一地，必详细记下日记。但在他的日记中没有关于岩塔的记载。

科学家估计这些岩塔的历史有 25 000～30 000 年。肯定在 20 世纪以前至少露出过沙面一次。因为有些石柱的底部发现黏附着贝壳和石器时代的制品。贝壳用放射性碳测定，大约有 5000 多年历史。这些尖岩可能在 6000 多年前已被人发现。但是这些岩塔后来又被沙掩埋了数千年，因为在当地土著的传说中没有提到过这些岩塔。

1658 年，曾在这一带搁浅的荷兰航海家李曼也没有提及它们，只是在他的日记中提到两座大山——南、北哈莫克山，都离岩塔不远。如果当时这些石灰岩塔露出沙面，李曼必定会记在他的日记里。沙漠上风吹沙移，会不断把一些岩塔暴露出来，又不断把另一些掩盖起来。因此，几个世纪以后，这些岩塔有可能再次消失。但它们的形象已经在照片中保存下来了。

这些岩塔是如何形成的呢？帽贝等海洋软体动物是构成岩塔的原始材料。几十万年前，这些软体动物在温暖的海洋中大量繁殖，死后，贝壳破碎成石灰沙。这些沙被风浪带到岸上，一层层堆成沙丘。

最后，在冬季多雨、夏季干燥的地中海式气候下，沙丘上长满了植物。植物的根系使沙丘变得稳固，并积累腐殖质。冬季的酸性雨水渗入沙中，溶解掉一些沙粒。夏季沙子变干，溶解的物质结硬成水泥状，把沙粒粘在一起变成石灰石。腐殖质增加了下渗雨水的酸性，加强了胶黏作用，在沙层底部形成一层较硬的石灰岩。植物根系不断伸入这层较硬的岩层缝隙，使周围又形成更多的石灰岩。后来，流沙把植物掩埋，植物的根系腐烂，在石灰岩中留下了一条条隙缝。这些隙缝又被渗进的雨水溶蚀而拓宽，有些石灰岩风化掉，只留下较硬的部分。沙一吹走，就露出来成为岩塔。岩塔上有许多条沙痕，记录了沙丘移动时沙层的厚度及其坡度的变化。

 **知识点**

地中海式气候

地中海式气候属于亚热带、温带的一种气候类型。因地中海沿岸地区最典型而得名。地中海式气候是由西风带与副热带高气压带交替控制形成的，冬季时，西风带南移至此气候区内，西风从海洋上带来潮湿的气流，加上锋面气旋活动频繁，因此气候温和多雨。而夏季时，副热带高压或信风向北移至此气候区内，气流以下沉为主，再加上沿海寒流的作用，不易形成降水，因此气候干燥炎热。

 延伸阅读

珀 斯

珀斯是西澳大利亚州的首府，澳大利亚第四大城市，位于澳大利亚西南角的斯旺河畔。由于地处澳大利亚大陆西岸地中海气候地区，温和的气候与斯旺河沿岸的别致景色，使珀斯得以成为非常受欢迎的观光旅游目的地。珀斯拥有广阔的居住空间及高水平的生活条件，曾于2003年获得世界最友善城市首位，得到世界性的赞赏及认同。

骷髅海岸

在非洲纳米比亚的纳米布沙漠和大西洋冷水域之间，有一片白色的沙漠，葡萄牙海员把纳米比亚这条绵延的海岸线称为"骷髅海岸"。这条500千米长的海岸备受烈日煎熬，显得那么荒凉，却又异常美丽。从空中俯瞰，骷髅海岸是一大片褶痕斑驳的金色沙丘，这是从大西洋向东北延伸到内陆的沙砾平原。沙丘之间，闪闪发光的蜃景从沙漠岩石间升起，围绕着这些蜃景的是不断流动的沙丘，在风中发出隆隆的呼啸声。

骷髅海岸

骷髅海岸沿线充满危险，有交错的水流、8 级大风、令人毛骨悚然的雾海和深海里参差不齐的暗礁。来往船只经常失事，传说有许多失事船只的幸存者跌跌撞撞爬上了岸，庆幸自己还活着，孰料竟慢慢被风沙折磨致死。因此，骷髅海岸布满了各种沉船残骸和船员遗骨。

空中俯瞰骷髅海岸——褶皱斑驳的金色沙丘在海岸沙丘的远处，7 亿年来由于风的作用，岩石被刻蚀得奇形怪状，犹如妖怪幽灵从荒凉的地面显现出来。在南部，连绵不断的内陆山脉是河流的发源地，但这些河流往往还未进入大海就已经干涸了。这些干透了的河床，伴着沙漠中独有的荒凉，一直延伸到被沙丘吞噬为止。还有一些河，如流过富含黏土的峭壁峡谷的霍阿鲁西布干河，当内陆降下倾盆大雨时，巧克力色的雨水使这条河变成滔滔急流，有机会流入大海。

因为骷髅海岸的河床下有地下水，所以滋养了无数动植物，种类繁多，令人惊异。科学家称这些干涸的河床为"狭长的绿洲"。湿润的草地和灌木丛也吸引了纳米比亚的哺乳动物来此寻找食物。大象把牙齿深深插入沙中寻找水源，大羚羊则用蹄踩踏满是尘土的地面，想发现水的踪迹。

在海边，大浪猛烈地拍打着倾斜的沙滩，把数以万计的小石子冲上岸边，花岗岩、玄武岩、砂岩、玛瑙、光玉髓和石英的卵石都被翻上了滩头，给这里带来了些许亮色。迷雾透入沙丘，给骷髅海岸的小生物带来生机，它们会从沙中钻出来吸吮露水，充分享受这唯一能获得水分的机会与乐趣。会挖沟的甲虫，此时总要找个能收集雾气的角度，然后挖条沟，让沟边稍稍垄起，当露水凝聚在垄上流进沟时，它就可以舔饮了。

雾也滋养着较大的动物，盘绕的蝮蛇，用嘴啜吸鳞片上的湿气。在冰凉的水域里，居住着沙丁鱼和鲻鱼，这些鱼引来了一群群海鸟和数以千万计的海豹。在这片荒凉的骷髅海岸外的岛屿和海湾上，繁衍生存着躲避太阳的蟋蟀、甲虫和壁虎。长足甲虫使劲伸展高跷似的四肢，尽量撑高身躯，离开灼热的地面，享受相对凉爽的沙漠微风的吹拂。

南非海狗是这片海岸的主人，它们大部分时间生活在海上，但到了春季，它们要回到这里生儿育女，漫长的海岸线就是它们爱的温床。到了陆地上，海狗的动作可不像在海里那样敏捷、优美。它们把鳍状肢当作腿来使用，那笨拙而可爱的模样让人忍俊不禁。当小海狗出生后，海狗妈妈要到海上觅食，令人惊奇的是，母子两个竟然能在上万只海狗的叫声中找到对方，母子情深可见一斑。

知识点

海岸线

海岸线是陆地与海洋的交界线，一般指海潮时高潮所到达的界线。地质历史时期的海岸线，称古海岸线。海岸线可分为岛屿岸线和大陆岸线两种。海岸线不是一条线，我们知道，海洋与陆地的不断变化十分复杂，海水昼夜不停地反复涨落，海平面与陆地交接线也在不停地升降改变。假定每时每刻海水与陆地的交接线都能留下鲜明的颜色，那么一昼夜间的海岸线痕迹是具有一定宽度的一个沿海岸延伸的条带。为测绘、统计实用上的方便，地图上的海岸线是人为规定的。一般地图上的海岸线是现代平均高潮线。航海用图上的海岸线是理论最低低潮线，比实际上的最低低潮线还略微要低一些。这样规定，完全是为了航海安全上的需要。

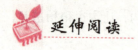

纳米布沙漠

　　纳米布沙漠是世界上最古老、最干燥的沙漠之一，位于纳米比亚和安哥拉境内。纳米布沙漠的名字乃从纳马语来的，意为"一无所有的地方"。纳米布沙漠起于安哥拉和纳米比亚的边界，止于奥兰治河，沿非洲西南大西洋海岸延伸2100千米，该沙漠最宽处达160千米，而最狭处只有10千米。纳米布沙漠被凯塞布干河分成两个部分，南面是一片浩瀚的沙海，内有新月形、笔直状以及星形的沙丘。沙丘底下有历时100多万年之久的砾石层，此外，这里拥有世界上最大的金刚石矿床。纳米布沙漠气候极为干燥，沿岸的年降雨量不到25毫米，这里生长着一些极其能耐干旱的植物。

塔克拉玛干沙漠

　　塔克拉玛干沙漠古称"莫贺延迹"，位于塔里木盆地中部，是中国最大的沙漠，总面积约30万平方千米，其中流沙便占总面积的85%，是世界第二流动性沙漠。这里地形起伏很大，昼夜温差极大。"塔克拉玛干"在维吾尔语里意即"进去出不来的地方"。在这片有待开垦的土地上，有以胡杨林为主的原始森林、种类繁多的沙漠植物和野生动物。

　　塔克拉玛干大沙漠是何时形成的，科学界至今尚无统一的认识。虽然有学者曾经根据沉积地层中埋藏的古风沙进行了研究，但由于风成沙很难在地层中保存，即使发现零星的露头，也很难据此判断古沙漠形成的时间、规模、形态和古环境状况。白天，塔克拉玛干赤日炎炎，银沙刺眼，沙面温度有时高达70℃~80℃。旺盛的蒸发，使地表景物飘忽不定，沙漠旅人常常会看到远方出现朦朦胧胧的"海市蜃楼"。沙漠四周，沿叶尔羌河、塔里木河、和田河和车尔臣河两岸，生长发育着密集的胡杨林和怪柳灌木，形成"沙海绿

塔克拉玛干沙漠

岛"。沙层下有丰富的地下水资源和石油等矿藏资源。

　　干旱的河床遗迹几乎遍布于塔克拉玛干沙漠，湖泊残余则见于部分地区（如沙漠的东部等）。沙漠之下的原始地面是一系列古代河流冲积扇和三角洲所组成的冲积平原和冲积湖积平原。

　　北部大致为塔里木河冲积平原，西部为喀什噶尔河及叶尔羌河三角洲冲积扇，南部为源出昆仑山北坡诸河的冲积扇三角洲，东部为塔里木河、孔雀河三角洲及罗布泊湖积平原。沉积物都以不同粒径所组成的沙子为主，沙漠南缘厚度超过 150 米。在沙漠 2～4 米、最深不超过 10 米的地下，有清澈丰富的地下水。

　　塔克拉玛干沙漠除局部尚未被沙丘所覆盖外，其余均为形态复杂的沙丘所占。塔克拉玛干沙漠流动沙丘的面积很大，沙丘高度一般在 100～200 米，最高达 300 米左右。沙丘类型复杂多样，复合型沙山和沙垄，宛若憩息在大地上的条条巨龙；塔型沙丘群，呈各种蜂窝状、羽毛状、鱼鳞状，沙丘变幻莫测。

　　塔克拉玛干沙漠有两座红白分明的高大沙丘，名为"圣墓山"。它是分别由红砂岩和白石膏组成，由沉积岩露出地面后形成的。"圣墓山"上的风蚀蘑菇，奇特壮观，高约 5 米，巨大的盖下可容纳 10 余人。沙漠东部主要由延伸很长的巨大复合型沙丘链所组成，一般长 5～15 千米，最长可达 30 千米，宽度一般在 1～2 千米。沙丘的落沙坡高大陡峭，迎风坡上覆盖有次一级的沙丘链。丘间地宽度为 1～3 千米，延伸很长，但被一些与之相垂直的低矮沙丘所分割，形成长条形闭塞洼地，有沼泽地和湖泊等分布其间。沙漠东北部湖泊分布较多，但往沙漠中心则逐渐减少，且多已干涸。沙漠中心东经 82 度～85 度间和沙漠西南部主要分布着复合型的纵向沙垅，延伸长度一般为 10～20 千米，最长可达 45 千米。金字塔状的沙丘分布着或成孤立的个体，或成串状组的狭长而不规则的垅岗。沙漠北部可见高大弯状沙丘，西部及西北部可见鱼鳞状沙丘群。

在我国最长的内陆河塔里木河河畔，分布着世界最大的原始胡杨森林。全世界胡杨林有 10% 在中国，而中国的胡杨林有 90% 在塔里木河畔。胡杨远在 1.35 亿多年前就出现了，被称为"第三纪活化石"，是世界上最古老的一种杨树。正因为它的古老和原始，其历史价值是任何树种所不能与之相比的。

海市蜃楼

海市蜃楼是指平静的海面、大江江面、湖面、雪原、沙漠或戈壁等地方，偶尔会在空中或"地下"出现高大楼台、城廓、树木等幻景。

海市蜃楼是光线在沿直线方向密度不同的气层中，经过折射造成的结果。蜃景的种类很多，根据它出现的位置相对于原物的方位，可以分为上蜃、下蜃和侧蜃；根据它与原物的对称关系，可以分为正蜃、侧蜃、顺蜃和反蜃；根据颜色可以分为彩色蜃景和非彩色蜃景等等。海市蜃楼出现的时间和地点一般相对固定。

延伸阅读

塔克拉玛干沙漠的传说

传说很久以前，人们渴望能引来天山和昆仑山上的雪水，来浇灌干旱的塔里木盆地，一位慈善的神仙有两件宝贝，一件是金斧子，一件是金钥匙。慈善的神仙被百姓的真诚所感动，把金斧子交给了哈萨克族人，用来劈开阿尔泰山，引来清清的雪水，他想把金钥匙交给维吾尔族人，让他们打开塔里木盆地的宝库，不幸金钥匙被神仙的小女儿玛格萨丢失了，从此盆地中央就成了塔克拉玛干沙漠。

DIQIU CHUANGZAO DE QIYI ZIRAN FENGGUANG